例題で学ぶ
光学入門
Introduction to Optics

谷田貝 豊彦・著

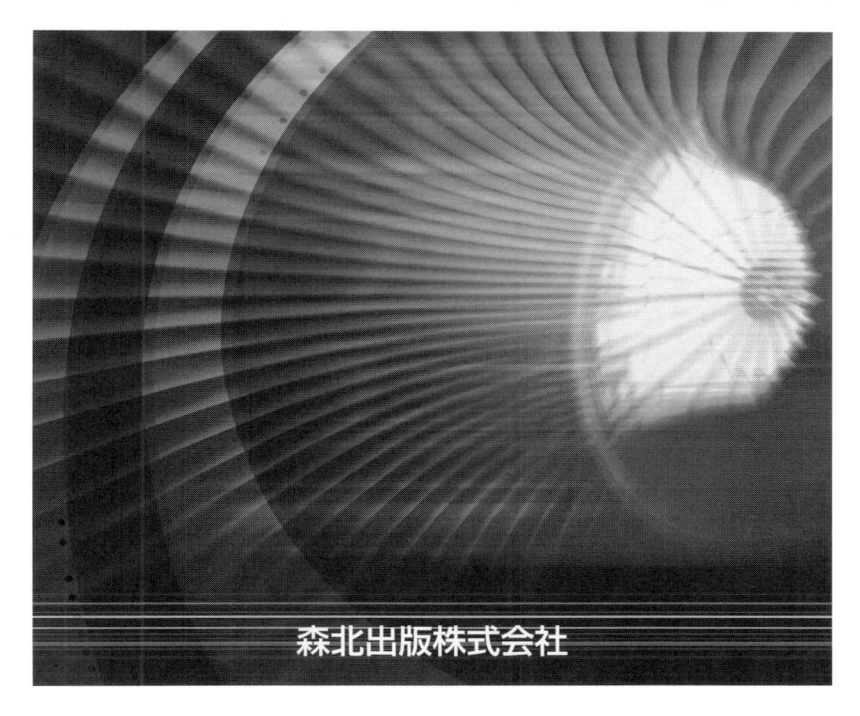

森北出版株式会社

- ●本書のサポート情報を当社Webサイトに掲載する場合があります．下記のURLにアクセスし，サポートの案内をご覧ください．

　　　　　　　　https://www.morikita.co.jp/support/

- ●本書の内容に関するご質問は，森北出版 出版部「(書名を明記)」係宛に書面にて，もしくは下記のe-mailアドレスまでお願いします．なお，電話でのご質問には応じかねますので，あらかじめご了承ください．

　　　　　　　　editor@morikita.co.jp

- ●本書により得られた情報の使用から生じるいかなる損害についても，当社および本書の著者は責任を負わないものとします．

■本書に記載している製品名，商標および登録商標は，各権利者に帰属します．

■本書を無断で複写複製（電子化を含む）することは，著作権法上での例外を除き，禁じられています．複写される場合は，そのつど事前に(一社)出版者著作権管理機構（電話03-5244-5088, FAX03-5244-5089, e-mail:info@jcopy.or.jp）の許諾を得てください．また本書を代行業者等の第三者に依頼してスキャンやデジタル化することは，たとえ個人や家庭内での利用であっても一切認められておりません．

はしがき

　私たちの日常生活で，もっとも身近な物理現象のひとつに「光」に関する現象がある．古来から，「光」とは何か，との疑問が人々の興味を引き続けてきた．現在でも，その本質が完全に理解されたとはいえない．しかし，「光」の現象を使って様々な技術が開発され，われわれの生活を豊かにしてくれている．

　学問の世界においても，「光」に関連した光科学が大きく発展し，物理学，化学，生物学，農学，電気工学，機械工学そして数学など，広い学問領域に関係している．

　光学は，もっとも歴史のある学問で，その体系も洗練されている．光学の体系に基づいて他のいくつかの物理学や工学の分野が形成されてきた．光学の体系を理解することによって，他の学問の理解も進む．光学の現象の多くは，目で見ることができる．したがって，視覚的に現象の理解が進み，他の分野の現象の理解に役に立つことも多い．

　本書では，光に関する学問を本格的に勉強するための基礎的事項を体系的に述べる．高校の物理を学んでいる大学理工系の2, 3年生を読者に想定している．数学については，基礎的な線形代数と初等的な微積分と常微分方程式は既知とする．電磁波に関するマクスウェルの方程式を使用することなく，光の波動としての性質を定量的に記述している．

　本書は，宇都宮大学工学部の2年生に対する「光科学入門」の講義をもとに執筆された．受講者の多くは，電気電子工学，機械工学，情報工学，化学工学を専攻している．このため，物理学の基礎的事項から記述されている．また，数式は結果のみを記述するのではなく，導出の過程も含めて記述した．演習問題も多数用意し，詳細な解答を掲載した．

　本書が，光学を本格的に学ぶための指針になれば，筆者の望外の喜びである．本書の出版にあたり，企画の段階からお世話いただいた森北出版（株）の利根川和男氏に，編集の段階でお世話になった富井晃氏に感謝申し上げる．また，小野明，牛山善太，杉坂純一郎の各氏には幾多の貴重な助言と指摘をいただいた．厚くお礼申し上げる．

2010年4月

日光男体山を窓に見て，
谷田貝 豊彦

目　次

◆ 第1章　人類は光をどう理解してきたか　　1
　1.1　光とは　　1
　1.2　光の歴史　　2
　1.3　光の波長とエネルギー　　10
　1.4　光学と自然，生活，技術　　11

◆ 第2章　反射と屈折—幾何光学　　16
　2.1　光　線　　16
　2.2　反射と屈折の法則　　16
　2.3　平面鏡　　18
　2.4　フェルマーの原理　　22
　2.5　屈折率　　24
　2.6　全反射　　28
　2.7　球面での反射と距離の定義　　29
　2.8　球面での屈折　　33
　演習問題　　38

◆ 第3章　レンズ　　39
　3.1　薄肉レンズ　　39
　3.2　レンズの組み合わせ　　42
　3.3　厚肉レンズ　　44
　3.4　収　差　　50
　演習問題　　52

第4章　望遠鏡と顕微鏡　53

　4.1　眼と眼鏡　…………………………………………　53
　4.2　拡大鏡　……………………………………………　54
　4.3　望遠鏡　……………………………………………　55
　4.4　顕微鏡　……………………………………………　57
　演習問題　………………………………………………　59

第5章　波としての光　60

　5.1　光波の表し方　……………………………………　60
　5.2　横波としての光波，偏光，ベクトル波とスカラー波　…　67
　5.3　波のエネルギー　…………………………………　67
　5.4　波の反射と屈折の法則　…………………………　68
　5.5　垂直入射光の振幅反射率と振幅透過率　………　69
　5.6　ストークスの関係式　……………………………　70
　5.7　反射と透過に関するフレネルの公式　…………　71
　5.8　強度反射率と強度透過率　………………………　74
　5.9　重ね合わせの原理とフーリエ変換　……………　76
　演習問題　………………………………………………　84

第6章　干渉と多層膜　85

　6.1　正弦波の重ね合わせ　……………………………　85
　6.2　二光束の干渉　……………………………………　89
　6.3　多光束の干渉　……………………………………　98
　6.4　干渉性　……………………………………………　102
　演習問題　………………………………………………　105

第7章　回　折　107

　7.1　ホイヘンスの原理　………………………………　107
　7.2　フレネル–キルヒホッフの式　……………………　109
　7.3　フレネル回折　……………………………………　110

7.4 フラウンホーファー回折 ……………………………………… 114
7.5 フレネルゾーンプレート ……………………………………… 123
7.6 分解能 ………………………………………………………… 124
7.7 ホログラフィ ………………………………………………… 126
演習問題 ………………………………………………………… 128

第8章　光の偏り　　　　　　　　　　　　　　　　　　　　129

8.1 偏光の表し方 ………………………………………………… 129
8.2 偏光子 ………………………………………………………… 133
8.3 偏光を変える素子 …………………………………………… 133
8.4 異方性の媒質 ………………………………………………… 134
8.5 液晶素子 ……………………………………………………… 135
演習問題 ………………………………………………………… 136

第9章　物質と光　　　　　　　　　　　　　　　　　　　　　138

9.1 物質による光の屈折と反射 ………………………………… 138
9.2 光の分散と吸収 ……………………………………………… 140
9.3 分　光 ………………………………………………………… 141
9.4 発光と光検出 ………………………………………………… 142
9.5 レーザー ……………………………………………………… 144
演習問題 ………………………………………………………… 145

第10章　色と明るさ　　　　　　　　　　　　　　　　　　　146

10.1 視　覚 ……………………………………………………… 146
10.2 色 …………………………………………………………… 147
10.3 明るさ ……………………………………………………… 151
演習問題 ………………………………………………………… 153

付　録　役に立つ公式 …………………………………………… 154
演習問題解答 ……………………………………………………… 157
参考書 ……………………………………………………………… 173
索　引 ……………………………………………………………… 175

■ SI 単位系で使われる接頭語

国際単位系 (SI 単位系) では，10^n 倍の大きさを表すとき，次のような接頭語を使って単位表記することが勧告されている．

大きさ	10^{18}	10^{15}	10^{12}	10^9	10^6	10^3	10^2	10^1
呼び	エクサ	ペタ	テラ	ギガ	メガ	キロ	ヘクト	デカ
記号	E	P	T	G	M	k	h	da

大きさ	10^{-1}	10^{-2}	10^{-3}	10^{-6}	10^{-9}	10^{-12}	10^{-15}	10^{-18}
呼び	デシ	センチ	ミリ	マイクロ	ナノ	ピコ	フェムト	アト
記号	d	c	m	μ	n	p	f	a

第1章 人類は光をどう理解してきたか

　地球上の生きとし生けるもの，すべての生物は太陽からの光によって，その命が支えられている．山頂でご来光を仰ぐ時，自然に手を合わせ，その光に感謝するのも，無意識のうちに光の重要性を感じているからであろう．太古から，光が信仰の対象であったことも理解できよう．

　生命にとって，光は，このようにエネルギーの源という意味で重要なばかりではない．光によって外界を見て，光によって仲間を認識し，仲間とのコミュニケーションをはかることができる．光は情報の担い手でもあるのである．

　このように，光は私たちのもっとも身近にあるもので，もっとも重要なものである．しかし，光の本質は何かと問われると，現在でもなお未知な点も多く，物理学の最前線の研究課題でもある．

　ここでは，人類が光をどのように考えてきたかの長い歴史をたどることにしよう．そして，いかにいろいろな分野で様々な工夫がなされ，光を使う技術が発展し，われわれの現代生活が豊かになってきたかを振り返ろう．

図 1.1 ボロブドゥールの寺院で仰ぐ日の出

1.1 光とは

　光の本質は何かと問われると，現代物理学では，「電磁波である」とされている．電磁波とは，電界と磁界が空間を振動しながら伝わっていくもので，一種の波動である．このような認識が受け入れられるためには，長い思索と膨大な試行錯誤，様々な実験，

そして技術的な進歩が必要であった．どのようにして，人類は光の本質に迫ったのであろうか．

◆ 1.2 光の歴史

1.2.1 古代から中世まで

太古の昔，光は人々の信仰の対象であった．様々な自然現象の観察の中から，光への関心が芽生えるようになり，神秘の対象から徐々に実利的な応用を考えるようになってきた．古代の人々は，地面に刺した棒の影の動きから，天空の動きを観測し暦を発明した．これは，光が直進的に伝わることを暗黙のうちに理解していたことを示す．紀元前16世紀のエジプトでは青銅製の平面鏡が作られ，遅れて中国においても，紀元前10世紀以前のものと思われる青銅鏡が発見されている．また，凹面鏡も作られるようになり，これにより太陽光を集光して火をつけることも知られるようになった．紀元前3世紀にギリシャとローマが戦った第2次ポエニ戦争において，アルキメデス (Archimedes) が，大きな凹面鏡もしくは，凹面状に組み合わせた平面鏡で太陽光を集め，ローマ軍の船を焼いた逸話は有名である．

レンズ

レンズの歴史も意外と古く，紀元前10世紀頃の遺跡でレンズとみられるものが発掘されている．紀元前420年頃発表されたアリストファーネス (Aristophanes) の喜劇「雲」[*1] には，"燃焼ガラス"を使って蝋板に書かれた文字を溶かす話が書かれている．これが文献で確認できる最古の凸レンズといわれている．また，ローマの皇帝ネロ (Nero) は，剣闘士の試合を，エメラルドを目に押し当てて見たという[*2]．状況からして，これはサングラスではなく，また，年齢 (ネロは31歳で自殺している) から，老眼鏡とは考えにくい．この話が事実なら，ネロの時代にはすでに近視用の凹レンズが存在していたことになる．

ギリシャ人が考えた光

さて，ギリシャ人の関心は，光の本質よりも視覚に興味があったようで，ソクラテスの弟子プラトン (Plato) は，ものが見えるということは，目から何かが飛び出して物体に当たり，それで見えるようになると考えた．

[*1] 寺田寅彦の随筆 "読書の今昔"に，「アリストファーネスの「雲」を読んで学者たちが蚤の一跳は蚤の何歩に当たるかを論ずるところなどが，今の学者とちっとも変わらない生き写しであることがおもしろいのであった．」とある．

[*2] シェンケヴィチ著，「クォヴァディス－ネロの時代の物語－」岩波文庫

光の本質に関する考え方については，ピタゴラス (Pythagoras) 学派は，光は粒子の流れであるとの近接作用説をとり，アリストテレス (Aristotle) は，光は波であるとの遠隔作用説との対立する概念があった．アリストテレスによれば，物体から波が目に到達するから見えるということになり，従来から支配的であったプラトン学派の観念論的考え方を批判した．また，アリストテレスは，光は白と黒からなっており，あらゆる色はこの二色からできているとの説を唱えた．

イスラムの学問

中世に入ると，とくに西ヨーロッパ地域では，キリスト教の権威が強く，合理的な科学の進歩は阻害されることとなった．一方，イスラムの世界では，9 世紀の初めごろから，ギリシャの文献が翻訳されるようになり，医学，天文学，幾何学，光学，地理学などの学問が急激に発達するようになった．イラクのバスラで生まれ，エジプトのカイロで研究を進めた，アルハーゼン (Alhazen, アラビア語では Ibnal-Haitham) は，大著「光学」(全 7 巻) を著し，光の屈折，球面での反射，レンズの原理，眼の構造などを議論した．地平線近くの月が大きく見えることは錯覚に基づくことを示したり，凸面鏡に関連した結像の問題も議論している．彼の業績は，単に光学的現象を哲学的な興味から考察したのではなく，実験と数学的な手法をとりいれて解釈した点に特徴があり，以後の光学研究に多大なる影響を与えた．

11〜13 世紀に入ると，イスラム化されていたスペインからイスラムの著書がラテン語に翻訳されるようになり，これをもとにルネッサンスが開花することになる．ギリシャ文明は，イスラム文明を介して，ヨーロッパ文明へと引き継がれることになる．

1.2.2 ルネッサンスから近代へ

ルネッサンスの時代に入ると，実験的な手法を用いた科学的な考え方がとられるようになった．ガリレイ (Galilei) は，光は瞬間的に伝わるとする考え方に疑問をもち，山の間を光が往復する時間から光の速度を測定しようとした．このころすでに，光の直進性と反射の法則は知られており，スネル (Snel) は，屈折の法則を発見した．フェルマー (Fermat) は光の進路を決める原理を研究した．

望遠鏡

オランダのめがね職人が，凸レンズを二つ組み合わせると遠くの物体が大きく見えることを発見した．これが望遠鏡の発明である．このことを聞きつけたガリレオは，独自に製作した凸レンズと凹レンズを組み合わせて望遠鏡を自作し，初めて天体にレンズを向けた．当時としては，神の存在する天空を覗くことはタブーであったが，こ

の観察によって，月にクレーターがあること，土星に輪があることなどを発見した．また，ケプラー (Kepler) は，凸レンズを二つ組み合わせた望遠鏡を考案した．倍率を大きくするために，焦点距離の長いレンズが盛んにつくられたが，それに伴って色収差 (焦点距離が光の波長で異なることで生じる像のボケ) が顕著になり，鮮明な像が得られなくなることがわかってきた．これに対して，反射鏡を使うことで色収差の問題を解決したのがニュートン (Newton，図 1.2) である．

図 1.2　ニュートン

顕微鏡

　凸レンズを二つ組み合わせることで望遠鏡ができたが，この方法で近くにある微細なものも拡大して見ることができることがわかった．この方式は，現在使われている顕微鏡の構造と基本的には同じで，精密なレンズを二つ組み合わせる必要がある．このため，機構が複雑になり，発明当時は，必ずしも十分な性能が得られていなかったようで，倍率も 20 倍からせいぜい 50 倍程度であった．しかし，フック (Hooke) は，この顕微鏡を使ってコルクの細胞や昆虫の複眼などの精密な観察図集ミクログラフィア (Micrographia, 1665) を出版して話題を集めた．ちなみに，細胞 (cell) の用語は，フックの著書によっている．

　一方，レーヴェンフック (Leeuwenhoek，図 1.3) は，微小な単レンズ (直径 1 ミリメートル以下) による顕微鏡 (単式顕微鏡，図 1.4) を作成し，赤血球や微生物を発見した．また，精子を発見し，当時としては驚異的に詳細な観察図を発表している．顕微鏡なくしては，精子の存在自体もわからなかった．この業績は，ワトソンとクリックの DNA 構造解明の業績にも匹敵し，今日の遺伝子学の扉を開いたのである．彼の単式顕微鏡は，倍率 250 倍に達するものもあり，現在の光学顕微鏡の倍率が 1000 倍程度であることを考えると，その性能に驚かされる．植物分類学の祖リンネ，進化論のダーウィン，ブラウン運動で知られるブラウンらは，この単式顕微鏡で偉大な業績を挙げたことは意外に知られていない．

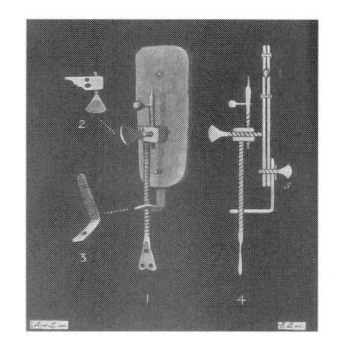

図 1.3 レーヴェンフック　　　　**図 1.4** レーヴェンフックの単レンズ顕微鏡

光の分解

ニュートンはまた，太陽光をプリズムで分光し，赤から紫までの色に分かれること (図 1.5 参照)，また，分かれた光は，もう一つのプリズムを使うと合わせられて白色の光に戻ることを発見した．

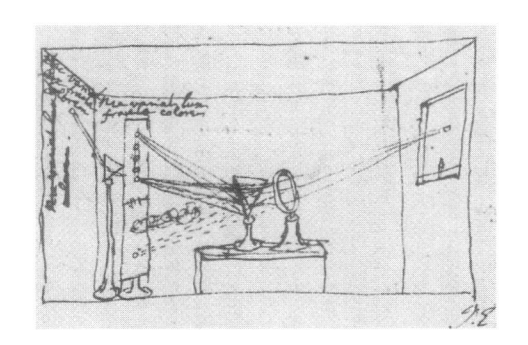

図 1.5 ニュートンが描いたプリズムによる太陽光の分解

板に隙間をあけ，そこから差し込む光をプリズムを通過させ第 2 の板を照射する．さらに第 2 の板にも隙間をあけ，第 2 のプリズムを通して壁に当たるようにした．第 2 の板には美しい虹模様が見えた．第 1 のプリズムを動かし，第 2 の板にあいた隙間に入る色を変えると，赤い色よりも青い色のほうが大きく向きを変えて壁に当たることを発見した．この実験によって，ニュートンは白色太陽光はさまざまな色の光からできていること，色によって光の曲がり方が異なることを発見した．

粒子説と波動説

光の粒子説と波動説も，また盛んに論じられた．ニュートンは，自説の運動の第 1 法則 (慣性の法則) から，「力を受けない限り光の粒子は直進する」として，光の粒子説を支持した．しかし，光が影の部分に回り込む回折の現象は，粒子説では説明でき

なかった．一方，フック (Hooke) やホイヘンス (Huygens) は波動説をとり，ホイヘンスは回折の現象を説明することに成功した．ホイヘンスによれば，ある瞬間の波面の位置がわかれば，それ以後の波は，波面上の各点から新たに発生した球面状の波の包絡面として伝搬するとした．これをホイヘンスの原理という．

干渉と回折

ホイヘンスの波動による回折現象の説明の後，ヤング (Young) は，有名な複開口の干渉実験を行い，光の波動説を支持した．また，薄膜が虹色に着色して見える現象も，干渉によることを示唆した．フレネル (Fresnel) は，光の干渉とホイヘンスの原理とを組み合わせて光の回折の現象を説明することに成功した．光の波動説が決定的に受け入れられるようになったのは，マクスウェル (Maxwell, 図 1.6) の光の電磁波説による．マクスウェルは，電磁現象を定式化して，電界と磁界に関する方程式を得て，この方程式から電界と磁界に関する波動方程式を導いた．これにより，光はこの波動方程式に従う横波であることがわかり，しかも，波動方程式に現れる波の速度が，実験で求められた光速度と一致したのである．波動方程式を厳密に解いて，回折の現象を理論的に説明したのが，キルヒホッフ (Kirchhoff) とゾンマーフェルト (Sommerfeld) であった．

図 1.6　マクスウェル

光の速度の測定

古代の人々は，光の速度は無限に速いと信じていた．ガリレイはこれに対して疑問を感じて，1600 年頃光速度の測定を試みたといわれている．彼はランプを持って丘の上に立ち，実験助手にもランプを持たせ，別のやや離れた丘の上に立たせた．ガリレイの計画は，自分がランプの覆いを取り，これを実験助手が見た瞬間に，実験助手がランプの覆いを取ってランプが見えたことをガリレイに伝え，光がガリレイと実験助

手の間を往復した時間を測定するというものであった．ガリレイは実験助手との距離を徐々に増やしながら何度もこの実験を繰り返したが，得られた結論は，光の速度は無限に大きいというものであった．

実験によって地球上のおける光速度を測定したのは，フランスの物理学者フィゾー (Fizeau) であった．実験の配置を図 1.7 に示す．光源 S から来た光をレンズ L_1 で焦点 F に結び，これをレンズ L_2 で再び平行にし，十分離れた位置にある鏡 M で反射させ，再びレンズ L_2 に戻し，焦点を結ばせ，レンズ L_1 を通して反射光をみる．焦点の位置に歯車を置き，高速で回転させる．もちろん，歯車が止まっていて，焦点が歯の間にある時は，反射光が見える．しかし，歯車が回転し徐々に回転速度をあげると反射光は見えなくなる．さらに回転速度を上げると，再び，反射光が見えるようになる．これは，光が F と M の間を往復する時間にちょうど歯車が 1 歯分回転したからであると考えられる．実験によれば歯車の歯の数 720，反射鏡 M までの距離 8.67 [km] のとき 25 [回転/s] で再び反射光が見えたという．歯車が 1 歯分回転した時間は，$(1/720)(1/25) = 1/18000$ [s] であり，反射鏡 M までの往復の距離は 17.34 [km] であるので，

$$v = \frac{17.34 \text{ [km]}}{1/18000 \text{ [s]}} = 312{,}000 \text{ [km/s]} \tag{1.1}$$

を得た．この速度は，現在われわれが知っている真空中の光速度

$$c = 299792458 \text{ [m/s]} \tag{1.2}$$

と大変よい一致を示している．

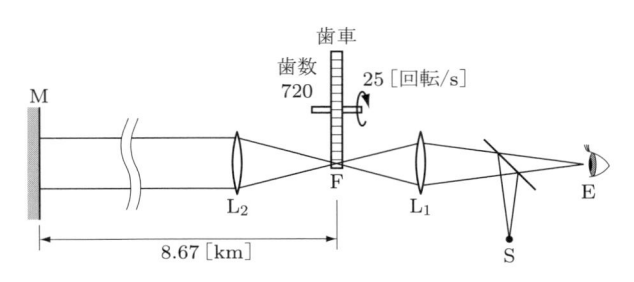

図 1.7 フィゾーの光速測定光学系

光が伝わる媒質

光の波動説の初めはアリストテレスであったことは述べたが，波が伝わる媒体として，デカルト (Descartes) はエーテルを考え，光は渦の運動のようにエーテル中を伝

搬するとした．オイラー (Euler) はこの考えを進め，エーテルは宇宙空間に広がっている流動体とし，光はエーテルの振動であると考えた．この考えによれば，宇宙空間のような真空中も光が伝搬することができる．しかし，マイケルソン (Michelson) の精密な干渉実験により，その後エーテルの存在は否定されることになる．それでは，光波が伝搬する媒質は何であろうか．アインシュタイン (Einstein) は，相対性理論を発表し，物質から遊離してエネルギーが存在して場を形成するとし，この場を光波が伝搬するとした．

1.2.3 光の時代
光子 (フォトン) の誕生

20世紀に入ると，光の本質的な理解が急速に深まった．まず，プランク (Plank) が，黒体の輻射スペクトル分布を理論的に導くために，光はある単位のエネルギーをもつ粒子であるとの仮説を立てた．この光量子説にたてば，光のエネルギーの大きさ E は，光の周波数 ν に比例し，次のようになる．

$$E = h\nu \tag{1.3}$$

ここで，h はプランク定数とよばれ，$h = 6.626 \times 10^{-34}$ [J·s] である．アインシュタインは，プランクの光量子説を使って光電効果を説明し，光には波動としての性質ばかりでなく，粒子としての側面をもつことが理解されるようになった．また，光量子 (光子ともいう) は運動量 p

$$p = h/\lambda \tag{1.4}$$

をもつことも示された．

一方，19世紀の初め頃から，スペクトルの研究が盛んに行われるようになってきた．炎の中に特定の原子を入れると，特定の波長の光が出てくることが発見され，また，フラウンホーファー (Fraunhoffer) によって，太陽光の中にいくつかの暗いスペクトルが存在することなどが見出された．やがてそれらは，特定の元素による固有のスペクトルであることが発見され，これによって，スペクトルから元素の同定が可能となった．分光学の幕開けである．では，なぜ固有のスペクトルが存在するのだろうか．この答えを見出すには，量子力学の誕生が必要であった．ボーア (Bohr) は，水素の原子模型から水素のスペクトルの説明に成功した．水素原子を構成している電子は，とびとびのエネルギー状態をとるが，高いエネルギー状態からより安定な低いエネルギー状態に移るときに，式 (1.3) で示される振動数の光を放出する．いろいろな原子や分子は，それぞれ固有の電子状態をとるため，その原子や分子から放出される光の

スペクトルを観測することで，それを同定することができる．また，この発光の逆の過程により，光の吸収スペクトルからも，物質の同定や状態を調べることができる．

レーザー

20世紀も後半に入り，1960年に革命的な光源が発明された．それがメイマン (Maiman, 1927-2007) によるレーザーであり，レーザーは従来のどの光源よりも輝度が高く，単色で干渉性にすぐれた光源であった．レーザーによって非常に明るく平行なビームが得られるようになり，光の応用分野が一気に広がった．レーザー (Laser) の語源は，Light Amplification by Stimulated Emission of Radiation によっている．光の誘導放出によって光を増幅する装置である．

レーザー媒質の種類はきわめて多く，固体レーザーは，Nd:YAG 結晶，Ti：サファイア結晶，Nd：ガラスなどの媒質のものが代表的で，小型のものから大出力のものまで開発されている．液体レーザーは，色素をレーザー媒質としており，発振波長範囲が広く，また発振周波数が可変のものもある．気体レーザーは，ヘリウムとネオンの混合気体，アルゴンガス，炭酸ガスなどを媒質としたレーザーが代表的であり，連続発振するものが多い．半導体レーザーは，可視から赤外まで広い発振波長の小型で使いやすいレーザーとして知られている．光通信や CD, DVD などの光記録装置には不可欠のレーザーである．

干渉性の高い光源としてレーザーが利用できるようになると，これを利用したホログラフィも注目されるようになった．もともとホログラフィは，電子顕微鏡の像改良の研究から，ガボア (Gabor) が 1948 年に発明したものであるが，レーザーの登場によって，初めて鮮明な立体像の記録と再生が可能になった．

レーザーの高い出力エネルギーを利用して，加工機への応用や，医療用のメス，アザやシミの除去にも利用されている．

レーザーの登場により，周波数の安定したきわめて波長幅の狭い光が利用できるようになり，従来の電波で利用できた概念が可視光でも応用できるようになった．光ファイバーを使った光通信がそれである．光通信には，$1.3\,[\mu m]$ や $1.5\,[\mu m]$ の波長の赤外線が使われている．

また，レーザー光のパルス幅も，どんどん短くなってきており，1 フェムト秒 (10^{-15} 秒) のパルスも実現されてきた．このような超短パルス光を物質に当て，物質の吸収分布の変化や発光の状態を調べることにより，物質の究極の状態が次々と解明されるようになってきた．とくに，生命現象に関係する現象の研究に期待が大きい．

このように，光の本質が徐々に明らかにされ，レーザーの発明に加速されて，光科学，光応用技術はますます発展している．21 世紀は，まさに"光の時代"である．

1.3 光の波長とエネルギー

光の本質は電磁波であることがわかってきた．人間の目で感じられる可視光以外にも，赤外線や紫外線も，通常，光とよばれている．図 1.8 に示すように，X 線や γ 線，マイクロ波やミリ波などの電波も電磁波で，真空中を

$$c = 299792458 \text{ [m/s]}$$

の速度で進む．

光の振動数とその波長の間には，式 (5.10) より，$\nu = c/\lambda$ の関係があるので，波長 $\lambda = 500$ [nm] の緑青の光の振動数は，次のようになる．

$$\nu = \frac{c}{\lambda} = \frac{2.99792458 \times 10^8}{500 \times 10^{-9}} = 6.00 \times 10^{14} \text{ [Hz]}$$

この振動数の光子のエネルギーは，式 (1.3) より，

$$E = h\nu = 6.626 \times 10^{-27} \times 6.00 \times 10^{14} = 3.97 \times 10^{-12} \text{ [erg]} = 3.97 \times 10^{-19} \text{ [J]} = 2.48 \text{ [eV]}$$

となる．ただし，1 [eV] $= 1.602 \times 10^{-19}$ [J] である．この光子と同じエネルギーをもつゴルフボール（質量 44 [g]）の速さは，$mv^2/2 = 3.97 \times 10^{-19}$ [J] より，次のようになる．

$$v = \sqrt{\frac{2 \times 3.97 \times 10^{-19}}{44 \times 10^{-3}}} = 3.36 \times 10^{-9} \text{ [m/s]}$$

また，速度 50 [m/s] で飛んでいるゴルフボールのエネルギーは，

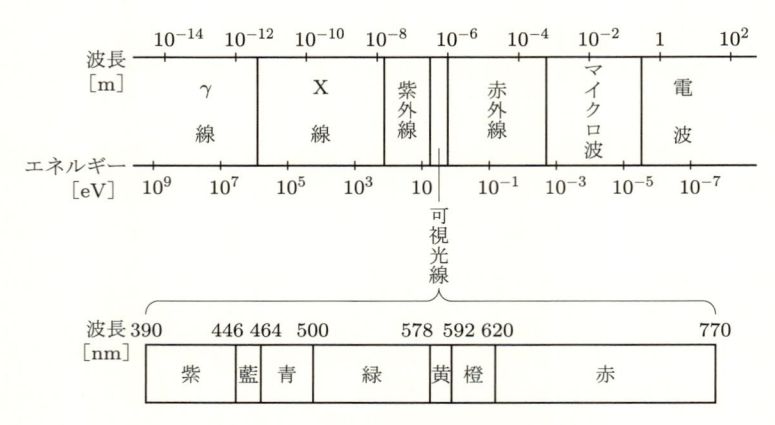

図 1.8 いろいろな光の波長とエネルギー

図 1.9 ゴルフボール

カップインするために必要な光エネルギーは？

$$E = \frac{1}{2} \times 44 \times 10^{-3} \times 50^2 = 5.5 \times 10 \text{ [J]} = 3.4 \times 10^{19} \text{ [eV]} \tag{1.5}$$

となる．これは，高エネルギーの宇宙線(γ線)のエネルギーに相当する．

◆ 1.4 光学と自然，生活，技術

さてここで，われわれをとりまく光に関係する現象を，いくつか考えてみよう．

太陽から来る光エネルギーについて考え，そして気象の光学現象についても簡単にみてみよう．そこで見える色や光の明るさを人間がどう見ているのか，そして光学機器や装置で光がどのように利用されているかについても考えてみよう．

1.4.1 太陽光

太陽から来る光のエネルギーは，地球上に住むあらゆる生物の命を支えている．太陽の温度は約 6000 [K](絶対温度) で，この温度の物体から放射される光のエネルギー分布は，200 [nm] から 3000 [nm] にわたりプランクの式 (9.4.2 節参照) で表される．このエネルギーが，地球の大気 (水蒸気やオゾンなどを含む) で一部吸収され，地上に到達する．もっとも高いエネルギー領域は，人間が見ることができる可視光領域 (波

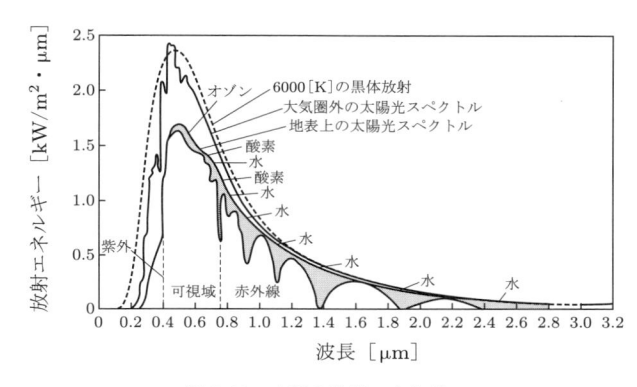

図 1.10 太陽の放射エネルギー

長 380〜780 [nm]) である．

1.4.2 夕焼け，空の色，虹

空の色が青く見えることや赤い夕陽が見えることは，光の散乱による現象である．また，虹は，太陽光が空気中の水滴によって，屈折反射されることで生じる．虹は，太陽光を背にして，太陽光の方向に対して 42°の角度で戻ってくる光で，見る人を中心とする円環上に見える．赤がもっとも外側に，青紫がもっとも内側に見える．

虹が見える現象を科学的に説明したのは，デカルトで，太陽光が水滴内で一回反射して戻ってきた光が虹を作るとした．

球形の水滴でなくても，類似の現象が起こる．寒い冬に太陽の方向を見ると，太陽の周りにぼんやりとリングが見えることがある．この現象は，ハロとよばれている．空気中の水滴が凍るといわゆる氷晶ができ，これによる反射によって，ハロの現象が現れる．

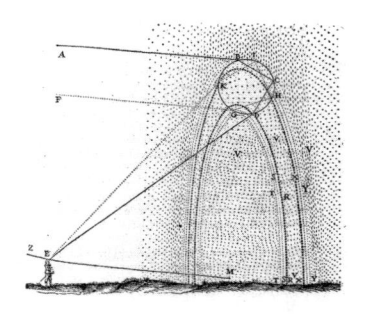

図 1.11 デカルトによる虹の説明

1.4.3 明るさ，色

われわれの日常生活で，照明の果たす役割はきわめて大きい．暗い夜を照らすばかりでなく，照明の方法，色，明るさなどに変化をつけることによって，様々な雰囲気を演出することもできる．

照明でもっとも重要な量は，明るさであろう．一口に明るさといっても，光源の輝きの強さ，光に照らされた物体の明るさ，光検出器が検出した光エネルギーの大きさと人間が感じる明るさの関係など，「明るさ」に関してはより深く考察する必要がある．「色」に関しても同様である．太陽の光をプリズムで分光して見えるスペクトルの色 (図 1.8) と，紙や葉などの色は同じなのであろうか．色はどのようにして定義されるのであろうか．これらについては，第 10 章で学ぶ．

1.4.4 人間の眼

太陽光に含まれるいろいろな波長の光のうちでも，人間が見ることができるのは波長が 380～780 [nm] までの光で，これを可視光という．光を感じる器官である眼の構造は，図 1.12 に示すようになっている．眼は強膜とよばれる白い不透明な膜で覆われた球状の器官で，その一部が透明になっていて光を通過させる．この透明な部分が角膜である．角膜を通った光はレンズのような形をした水晶体を通り，硝子体を経て網膜に至る．角膜と水晶体がレンズの働きをして，外界の物体の像を網膜に結ぶ．水晶体の前には虹彩があり，外界の明るさにより開閉して網膜に至る光の量を調節している．網膜には光を感じる視細胞がある．視細胞には，錐体と桿体とよばれる 2 種類の細胞がある．桿体は暗い所で機能し，主に明暗を識別する．錐体は明るいところで機能し，光の波長によって反応の異なる 3 種類があって色を識別する機能を持っている．

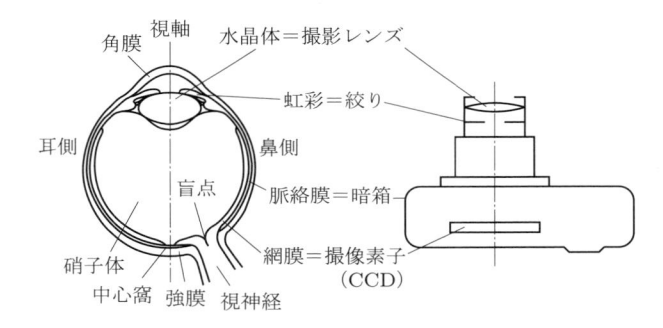

図 1.12 眼の構造とカメラ

1.4.5 光通信

光通信は，光信号が光ファイバーの中を伝わることによって実現されている．光ファイバーは，図 1.13 のような中心に屈折率の高い (n_1) コアがあり，それをとり囲むように屈折率の低い (n_2) クラッドからなる同心円状の構造になっている．コアの中の光は，コアとクラッドの境界面で全反射を繰り返しながらジグザグに進む．光ファイバー中を進む光は，吸収と散乱の影響を受け，光強度は徐々に減衰する．通信用の

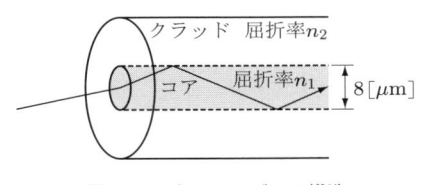

図 1.13 光ファイバーの構造

光ファイバーは石英ガラスが用いられるが，この材料の吸収損失は波長 1.55 [μm] の光に対して 0.16 [dB/km] である．これは，1 [km] 進んでも，3.6%しか減衰しないことを意味する．ちなみに，窓ガラスの透過率は，1 [cm] あたり約 99%であるが，このガラスを 230 [cm] 進むと，透過強度は 10%にまで低下してしまう．媒質の吸収や散乱が起こる原因は何であろうか．

　光通信では，光の強度を 1 と 0 にディジタル化して，光パルスとして伝達される．長距離光ファイバーを伝わっていくと，このパルス波形が歪んでくる．この原因は主に，光ファイバーの分散による．分散とは，光の波長によって屈折率が異なる現象で，屈折率が異なれば，ファイバーを伝わる光の速度が波長によって変わることを意味する．通信容量を大きくするためには，光パルスのパルス幅を狭くする必要がある．パルス幅が狭くなると，光の波長幅が大きくなり，分散の影響を受けることになる．通信品質の向上のためには，なるべく分散の少ない材料を用い，また分散の少ない波長帯を使い，さらに分散の影響を補正する技術が必要となる．分散がどのようにして発生するかについては，第 9 章で学ぶ．

1.4.6　光ディスク

　音楽や映像の記録媒体として，光ディスク (CD や DVD) が広く用いられている．光でディジタル情報を記録する機構は，図 1.14 のように，円板にピットとよばれる微細な盛り上がりを作り，このピットの有無を光信号として検出するものである．CD では，ピットの幅が 0.5 [μm] で深さが 0.11 [μm] であり，長さは 0.87〜3.18 [μm]，ピット列の間隔 (これをトラック間隔という) が 1.6 [μm] と決まっている．このピットの有無を読み出す光は，波長 0.78 [μm] の AlGaAs 半導体レーザーが用いられ，レーザー光はレンズで 1.5 [μm] 程度まで絞りこまれる．情報を正しく読み出すには，トラック上のピット列をレーザースポットが追跡できていなければならない．また，光ディス

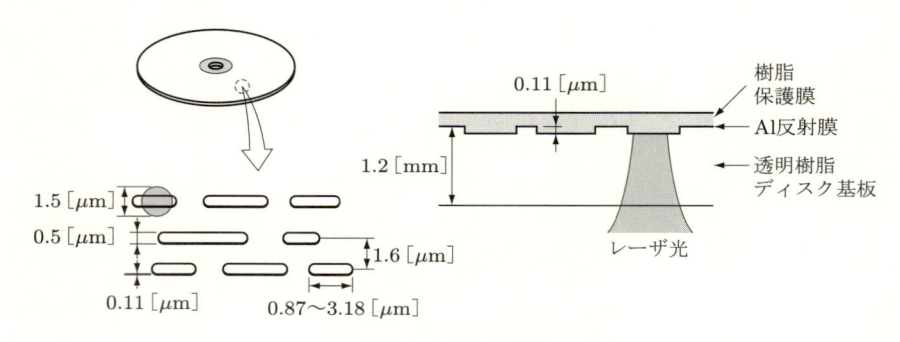

図 1.14　CD の構造

クに多少の凹凸があっても，最小のスポットがピット面にできていなければならない．このため，CD のピックアップは，焦点の自動検出機構，トラックの自動追従機構などを備えている．光ディスクの記録容量を増すためには，ピットの大きさや間隔を小さくし，さらに，レーザー光のスポット径も小さくする必要がある．CD から DVD になって記録容量が向上したのもこのためである．

1.4.7　光学機器，リソグラフィ

カメラはもっとも身近な光学器械である．レンズで外界の像を CCD や CMOS などの半導体イメージセンサーに結び，像の強度分布を記録するものである．このカメラにはどのようなレンズが使われているのであろうか．レンズの解像力はどのようにして決まり，これを向上させるにはどのような技術が使われているのであろうか．これらについては，第3章で学ぶ．

IC やイメージセンサーなど半導体素子は，われわれの生活には無くてはならないものである．半導体素子の回路は，微細なパターンを光学的な結像によってシリコンのウエハー上に焼き付けることによって作られる．素子の集積度を上げるためには，より微細なパターンを焼き付ける必要がある．この技術をリソグラフィという．

焼き付けられるパターンの幅は，$0.18 \sim 0.09$ [μm] に達しようとしている．用いられる光源は，紫外線レーザーである．このパターンを投影するレンズは，直径が 200 [mm] を超えるレンズを $20 \sim 30$ 枚組み合わせたもので，全体の長さが 1 [m] にも達する．

自然の光学現象やいろいろな光学機器について考えてみると，光の本質やその利用技術についての疑問がますます深まってくる．次に，これらの光学現象を体系的に学ぶことにしよう．

第2章 反射と屈折—幾何光学

　光波が進む経路を線で表し，光が進む媒質 (空気，水，ガラスなど) 中や，それらの境界面での経路の変化を幾何学的に考える方法が，幾何光学である．光の本質は光波であるが，光波の伝搬を線とみなすと，いろいろな光学現象を簡単に説明したり，解析することができる．レンズの働きやいろいろな光学器械の原理を理解する場合に，幾何光学が使われる．現在われわれが利用しているほとんどすべての光学器械は，この幾何光学を使って設計されている．

2.1 光　線

　レーザーポインターの光は，空気中をほとんど曲がらずに直進する．これを水面に当てると，一部が反射し，一部が少し向きを変えて水中を直進する．このようなレーザー光の進み方を幾何学的な線 (無限に細い線) と考え，これを光線とよぶことにする．光線が直進するのは，光が進む媒質が均一な場合であり，均一でない場合には光線は曲がって進むことになる．

2.2 反射と屈折の法則

　いま，図 2.1 に示すように，空気と水面が平面で接している状態を考えよう．空気と水をそれぞれ媒質 I と媒質 II とよぶことにする．媒質の境界面の点 O に光線が入射

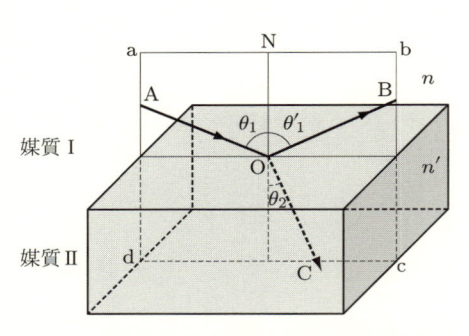

図 2.1 空気と水面の境界面における反射と屈折

したとする．点 O に境界面に垂直な線 (垂線)ON を立てる．入射光線 AO と垂線 ON が作る面 (abcd) を入射面といい，入射光線と垂線のなす角 θ_1 を入射角という．入射光線は，境界面で一部が反射し反射光線 OB となる．また，一部は屈折して水中を屈折光線 OC として直進する．反射光線と屈折光線はともに入射面内を進む．反射光線と垂線のなす角 θ_1' を反射角，屈折光線と垂線のなす角 θ_2 を屈折角という．入射角と反射角は等しく，

$$\theta_1 = \theta_1' \tag{2.1}$$

の関係がある．また，媒質 I と II の屈折率をそれぞれ n_1, n_2 とすると，入射角と屈折角の間には，

$$n_1 \sin\theta_1 = n_2 \sin\theta_2 \tag{2.2}$$

の関係がある．これを，スネルの屈折の法則という．一方，式 (2.1) をスネルの反射の法則という．ここで，屈折率 n は，媒質中の光速度を v, 真空中の光速度を c として，$n = c/v$ で与えられる．

例題 2.1 図 2.2 に示すように，それぞれ屈折率が異なり，境界面が互いに平行である多層膜があるとき，第 1 層に入射角 θ_1 で入射した光線は，最後の境界でどの角度で屈折するか．

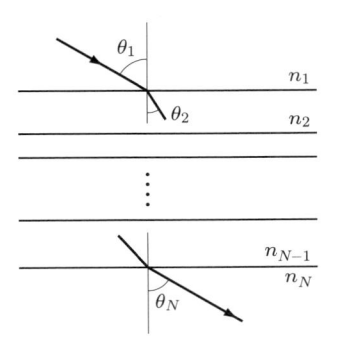

図 2.2 境界面が平行な多層膜における屈折

解答 各境界でスネルの法則が成立しているので，

$$n_1 \sin\theta_1 = n_2 \sin\theta_2 = n_3 \sin\theta_3 \cdots = n_N \sin\theta_N$$

となる．したがって，

$$\theta_N = \sin^{-1}\left(\frac{n_1}{n_N}\sin\theta_1\right)$$

である.

このことから, $n\sin\theta$ は層が変わっても不変であることがわかる.

2.3 平面鏡

図 2.3 に示すように, 平面鏡 MM′ を通して物体 AB を見た場合, 目に入る光線 1, 2 は, 点 A′ から発せられたように見える. 別の点 B に対しても同様であり, 物体 AB は平面鏡の裏側の A′B′ にあるように見える. A 点と A′ 点とは平面鏡に対して面対称の位置にあることに注意してほしい. そのため, 物体 AB の鏡像 A′B′ は左右が逆転して見える.

身近な例では, 道路に設置されているコーナーミラーで, 対向してくる車を見ると, 左レーンの車が右レーンに見える (図 2.4).

図 2.5 に示すように, 2 枚の平面鏡 M_1 と M_2 を角度 θ で対向させた場合を考え, このとき, 入射光線の振れ角 θ' を求めてみよう.

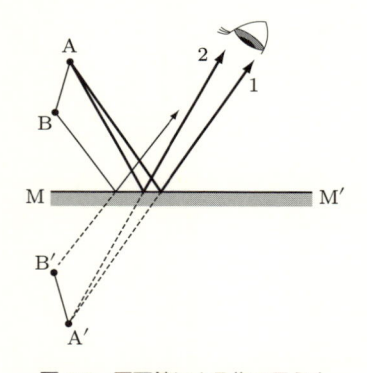

図 2.3 平面鏡による像の見え方

図 2.4 コーナーミラーに映った対向車

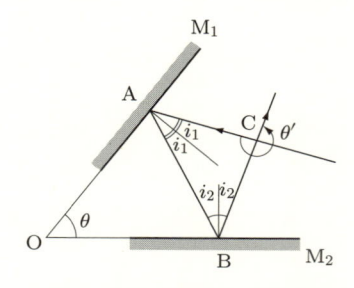

図 2.5 2 枚の平面鏡による反射

入射光線の平面鏡 M_1 への入射点を A とし，入射角を i_1 とする．また，平面鏡 M_2 への入射点を B とし，入射角を i_2 とする．入射光線と反射光線が交差する点を C とする．2 枚の平面鏡の交線を O とし，光線はすべてこの交線に垂直な面内にあるとすると，△AOB に関して

$$\theta + \left(\frac{\pi}{2} - i_1\right) + \left(\frac{\pi}{2} - i_2\right) = \pi \tag{2.3}$$

と，△ABC に関して，反射による光線の振れ角を考慮して，

$$\theta' = \pi - 2i_1 + \pi - 2i_2 \tag{2.4}$$

より，

$$\theta' = 2\pi - 2\theta \tag{2.5}$$

が得られる．2 枚の鏡の相対位置関係を維持して合わせ鏡を回転しても，出射光線の方向は不変である．これが合わせ鏡の原理である．

ペンタプリズムや直角プリズムは，この原理を使って光線を 90°もしくは 180°回転させている (図 2.6)．ただし，各プリズムの反射は，後に述べる全反射の現象によるものである．

同様に 3 枚の平面鏡の場合も解析ができ，3 枚の平面鏡を互いに直角に配置すると，入射光線に対して逆向きの光線を反射させることができる (図 2.7)．これがコーナー

(a) ペンタプリズム　　(b) 直角プリズム

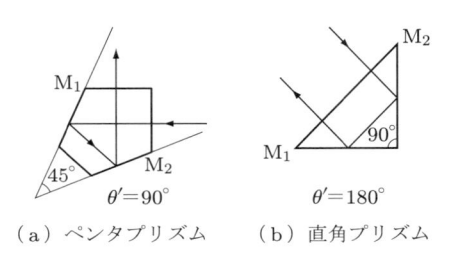

図 2.6　プリズムによる反射

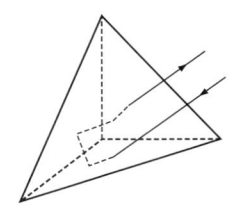

図 2.7　コーナーキューブ
互いに直角をなす 3 面で反射した光線は，入射光線と逆向きの方向にもどる．

キューブの原理である．自転車の反射板や道路標識などに微小なコーナーキューブを並べたものが用いられている．また，地球と月の距離を精密に測定するために，100個のコーナーキューブを並べたものが，アポロ11号によって月面の"静かの海"に設置された (図2.8)．

図2.8 アポロ11号によって月に設置されたコーナーキューブ
http://nssdc.gsfc.nasa.gov/image/spacecraft/apollo_laser_reflector.jpg

例題 2.2 万華鏡は，互いに60°の角度で向き合った3枚の反射鏡による筒状の構造をしている．万華鏡を覗いたとき見える像はどのようになるか．

解答 図2.9(a) に示すように，60°の角度をなす2枚の反射鏡による反射では，点Pの反射鏡 M_1 による反射によって点 P_1 が，反射鏡 M_2 による反射によって点 P_2 が，M_1 と M_2 による2回の反射によって点 P_{12} と点 P_{21} が見える．さらに，3回の反射によって点 P_{121} が見え，合計で5個の像が見える．さらに，もう1枚反射鏡を加えると，図2.9(b) に示すように，反射鏡 M_3 による反射も加わる．

(a) 2枚の反射鏡による反射　　(b) 3枚の反射鏡による反射

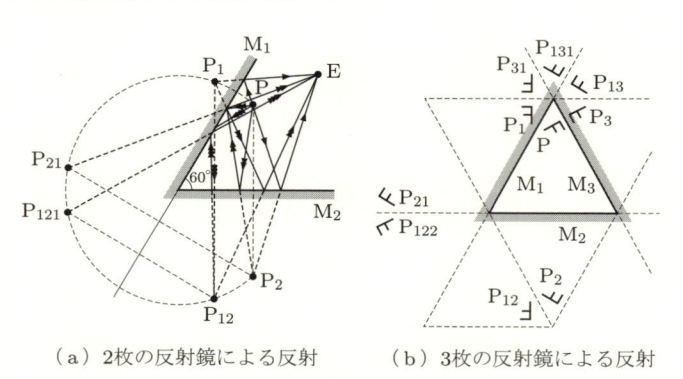

図 2.9 万華鏡

このような構造のものは万華鏡として知られ，正三角形に配置された細長い反射鏡の筒の中に，色ガラス片などを入れると美しい周期模様が見える．ブリュスター (Brewster) による発明である．発明から3か月で，ロンドンをはじめヨーロッパの各都市で 30 万個が売れたという．しかし，特許が無断で使用されたために，一文の収入も得られなかったと彼の娘が回想している．

例題 2.3 図 2.10(a) に示すように，平面鏡が α だけ傾いたとき，反射光線は何度振れるか．このような機構を"光てこ"という．

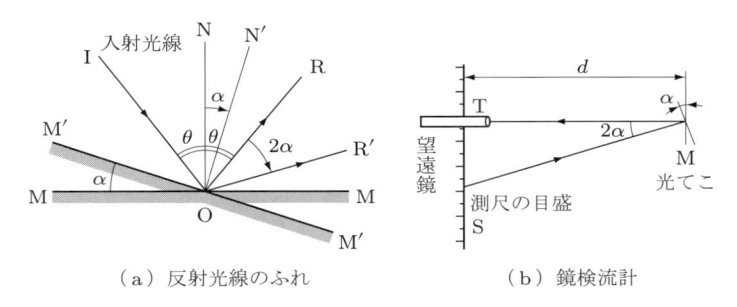

図 2.10 光てこの原理

この光てこの現象を利用した装置に，鏡検流計がある (図 2.10(b))．磁界の中に置いたコイルに電流が流れると，コイルが回転する．このコイルの回転を光てこの原理で読み取ることにより，微小電流値を測定する．検流計の反射鏡 M を通して測定目盛り S を望遠鏡 T で読み取る．電流を流した時にずれる目盛り量を ΔS としたとき，検流鏡 M の振れ角はいくらか．ただし，測定目盛りと鏡検流計 M の距離を d とせよ．

解答 平面鏡 M に立てた垂線を ON，角度 α 傾けた状態の平面鏡 M' に立てた垂線を ON' とする．平面鏡 M に対する入射角を θ とすると，反射の法則により，

$$\angle \mathrm{NOI} = \angle \mathrm{NOR} = \theta$$
$$\angle \mathrm{N'OI} = \angle \mathrm{N'OR'} = \theta + \alpha$$

となる．したがって，

$$\angle \mathrm{ROR'} = \angle \mathrm{N'OR'} - \angle \mathrm{N'OR} = \angle \mathrm{N'OI} - \angle \mathrm{N'OR} = (\theta + \alpha) - (\theta - \alpha) = 2\alpha$$

つまり，平面鏡を α だけ回転させると，反射光は 2α だけ振れる．

鏡検流計については，

$$\tan 2\alpha = \frac{\Delta S}{d}$$

α が小さいとき，

$$\alpha = \frac{\Delta S}{2d}$$

である．

2.4 フェルマーの原理

　屈折率の異なる媒質の境界面では，光は反射や屈折の法則によってその経路が決まる．しかし，屈折率が連続に変化する場合には，光はどのような経路をとって伝播するのであろうか．フェルマーは，図 2.11 のように，光が媒質中の点 A から点 B に伝播するとき，媒質の屈折率を $n(x,y,z)$ とし，光路に沿った線素を $\mathrm{d}s$ とするとき，

$$L = \int_A^B n(x,y,z)\,\mathrm{d}s \tag{2.6}$$

が極値をとる経路を伝播するとした．これをフェルマーの原理という．

　ここで，光が $\mathrm{d}s$ を通過するための時間を $\mathrm{d}t$ とし，媒質中の光速度を v とすると，$v = c/n$ であるので，

$$L = \int_A^B n(x,y,z)\,\mathrm{d}s = c\int \frac{\mathrm{d}s}{v} = c\int_{t_A}^{t_B} \mathrm{d}t \tag{2.7}$$

と表すこともできる．つまり，点 A から点 B にとれる経路のうち，経過時間が極値をとる経路が，光が伝播する経路を与える．

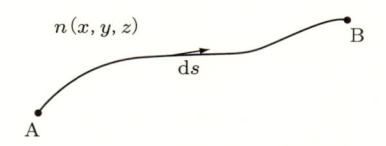

図 2.11 フェルマーの原理

2.4.1 フェルマーの原理による屈折の説明

　図 2.12 のように，屈折率 n_1 の媒質 I の点 A から出た光が境界面上の点 O を通り，屈折率 n_2 の媒質 II の点 B に向かって進むものとする．このとき，媒質 I，II での光速度を v_1，v_2 とすると，AB の所要時間は，

$$t = \frac{\overline{\mathrm{AO}}}{v_1} + \frac{\overline{\mathrm{OB}}}{v_2} \tag{2.8}$$

となる．

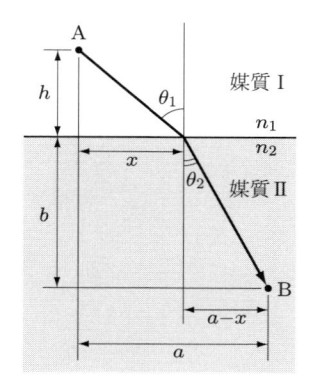

図 2.12 フェルマーの原理による屈折の説明

ここで，点 A から境界面までの距離を h，点 A から点 B までの水平方向の距離を a，点 B から境界面までの距離を b，点 A から境界面におろした足と屈折点 O までの距離を x とする．すると，

$$t(x) = \frac{\sqrt{h^2 + x^2}}{v_1} + \frac{\sqrt{b^2 + (a-x)^2}}{v_2} \tag{2.9}$$

となる．光のとる経路は $t(x)$ が最小になる経路であり，そのとき，式 (2.9) は極値をとる．すなわち，$dt/dx = 0$ より，

$$\frac{dt}{dx} = \frac{x}{v_1 \sqrt{h^2 + x^2}} + \frac{-(a-x)}{v_2 \sqrt{b^2 + (a-x)^2}} = 0 \tag{2.10}$$

となる．また，

$$\frac{x}{\sqrt{h^2 + x^2}} = \sin \theta_1 \tag{2.11}$$

$$\frac{a - x}{\sqrt{b^2 + (a-x)^2}} = \sin \theta_2 \tag{2.12}$$

であるので，

$$\frac{\sin \theta_1}{v_1} = \frac{\sin \theta_2}{v_2} \tag{2.13}$$

となる．ここで，$v_1 = c/n_1$，$v_2 = c/n_2$ であることに注目すると，

$$n_1 \sin \theta_1 = n_2 \sin \theta_2 \tag{2.14}$$

となり，屈折の法則が導かれる．

例題 2.4 フェルマーの原理を用いて，反射の法則を導け．

解答 図 2.13 のように，点 A から出た光線が，境界面の O 点で反射し，B 点に達したとすると，このとき光線が要した時間は，

$$t(x) = \frac{\sqrt{h^2 + x^2}}{v_1} + \frac{\sqrt{b^2 + (a-x)^2}}{v_1}$$

である．これを，x で微分して，

$$\frac{dt}{dx} = \frac{x}{v_1\sqrt{h^2 + x^2}} + \frac{-(a-x)}{v_1\sqrt{b^2 + (a-x)^2}} = 0$$

となる．また，

$$\frac{x}{\sqrt{h^2 + x^2}} = \sin\theta_1$$

$$\frac{a-x}{\sqrt{b^2 + (a-x)^2}} = \sin\theta_r$$

であるので

$$\frac{\sin\theta_1}{v_1} = \frac{\sin\theta_r}{v_1}$$

となる．よって，

$$\theta_1 = \theta_r$$

となり，反射の法則が導かれる．

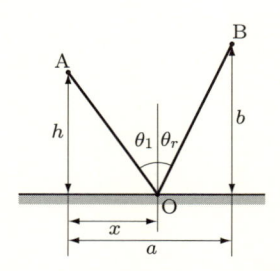

図 2.13 フェルマーの原理による反射の説明

2.5 屈折率

屈折率は，媒質によって異なる値をもつ．いろいろな媒質の屈折率を表 2.1 に示す．空気の屈折率はほぼ真空の屈折率に等しい．ダイヤモンドが輝いて見えるのは，屈折率がきわめて大きいからである．

表 2.1　いろいろな媒質の屈折率 (波長 589.3 [nm])

媒質	屈折率
空気	1.000292
水	1.3330
エタノール	1.362
メタノール	1.329
重フリントガラス	1.66
軽フリントガラス	1.58
クラウンガラス	1.52
ダイヤモンド	2.4195

液体は 20°C，気体は 0°C，1 気圧換算

2.5.1　分　散

屈折率は，同じ媒質でも波長によって異なる．屈折率が波長の関数であることを分散という．ガラスと水の分散曲線を，図 2.14 に示す．通常は，光の波長が長くなると屈折率は小さくなる．これを正常分散という．

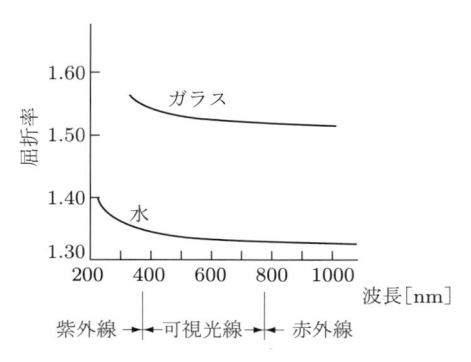

図 2.14　透明な媒質の分散曲線

2.5.2　プリズムでの屈折

図 2.15 のように，二等辺プリズム ABC を考えよう．このプリズムの頂角を θ，屈折率を n とする．いま，プリズムの稜面 AB に光線が入射角 i で入射し，別の稜面 AC から出射するとしよう．AB 面での屈折角を r，AC 面での入射角と出射角を r', i' とすると，屈折の法則から，

$$\sin i = n \sin r \tag{2.15}$$

$$n \sin r' = \sin i' \tag{2.16}$$

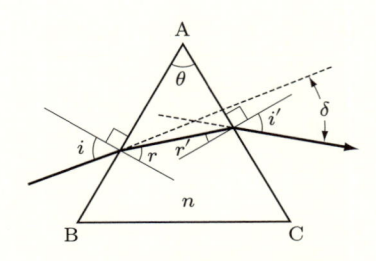

図 2.15 プリズムにおける屈折

が成立する．また，入射光線と出射光線とのなす角 δ を，プリズムの振れ角という．幾何学的な関係から，振れ角は

$$\delta = (i - r) + (i' - r') \tag{2.17}$$

で，また，

$$r + r' = \theta \tag{2.18}$$

であるので，

$$\delta = i + i' - \theta \tag{2.19}$$

が得られる．

この振れ角 δ が最小になる条件を求めてみよう．式 (2.19) を i で微分して 0 とおくと，

$$\frac{\mathrm{d}\delta}{\mathrm{d}i} = 1 + \frac{\mathrm{d}i'}{\mathrm{d}i} = 0 \tag{2.20}$$

となり，したがって，

$$\mathrm{d}i' = -\mathrm{d}i \tag{2.21}$$

となる．同様に，式 (2.18) を，i で微分すると，次のようになる．

$$\frac{\mathrm{d}r}{\mathrm{d}i} + \frac{\mathrm{d}r'}{\mathrm{d}i} = 0 \tag{2.22}$$

$$\mathrm{d}r' = -\mathrm{d}r \tag{2.23}$$

さらに，式 (2.15) と式 (2.16) を微分すると，

$$\cos i \, \mathrm{d}i = n \cos r \, \mathrm{d}r \tag{2.24}$$

$$n \cos r' \, \mathrm{d}r' = \cos i' \, \mathrm{d}i' \tag{2.25}$$

となる．したがって，

$$\frac{\cos i}{\cos i'} = \frac{\cos r}{\cos r'} \tag{2.26}$$

である．両辺を 2 乗して，スネルの法則をもう一度用いると，

$$\frac{1-\sin^2 i}{1-\sin^2 i'} = \frac{n^2-\sin^2 i}{n^2-\sin^2 i'} \tag{2.27}$$

が得られる．

　この式が成立するのは，$i = i'$ のときであり，したがって，$r = r'$ のときでもある．つまり，入射光と出射光がプリズムの頂角 A に対して対称になるとき，最小振れ角 $\delta_{\min}$ になる．このとき，プリズムの中では底面に平行に光が伝搬する．最小振れ角 $\delta_{\min}$ は，式 (2.19) より，

$$\delta_{\min} = 2i - \theta \tag{2.28}$$

となる．また，式 (2.18) より

$$r = \frac{\theta}{2} \tag{2.29}$$

であるので，式 (2.15) より，

$$n = \frac{\sin i}{\sin r} = \frac{\sin\{(\delta_{\min}+\theta)/2\}}{\sin(\theta/2)} \tag{2.30}$$

が得られる．最小振れ角 $\delta_{\min}$ とプリズムの頂角 θ がわかれば，プリズムの屈折率 n を求めることができる．

　プリズムの屈折率は分散をもち，波長によって異なる値をとる．したがって，多色光を入射角 i で入射させても，射出角 i' は，波長によって異なる値をとる．白色光をプリズムに入射させたときの赤と紫の光の進行方向を図 2.16 に示す．プリズムの後方にスクリーンを置くと，赤，橙，黄，緑，青，紫の色の帯がみえる．これをスペクトルという．人間が色を感じることのできるスペクトルの光を可視光といい，それよりも波長の長いものを赤外光，波長の短いものを紫外光と言う．各単色光の波長とその色を，表 2.2 に示す．

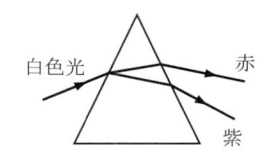

図 2.16　プリズムによるスペクトル分解

表 2.2　単色光の波長と色

波長 [nm]	色
380〜445	紫
445〜485	青
485〜495	青緑
495〜540	緑
540〜570	黄緑
570〜580	黄
580〜620	橙
620〜780	赤

2.6 全反射

図 2.17 に示すように，屈折率が大きい媒質から小さい媒質に光が進むとき，入射角よりも屈折角の方が大きくなる．入射角が大きくなると，屈折角が 90°になり，屈折光は境界面に沿って進む．さらに入射角を大きくすると，もはや屈折できなくなり，すべて反射されることになる．これが，全反射の現象である．全反射が現れる限界の角 i_c は，次のようになる．

$$n \sin i_c = n' \sin \frac{\pi}{2} \tag{2.31}$$

ただし，n, n' は，それぞれ入射側の媒質と屈折側の媒質の屈折率で，$n > n'$ である．したがって，

$$i_c = \sin^{-1} \frac{n'}{n} \tag{2.32}$$

である．この角度を臨界角という．水の中から空気中に光が進むときには，

$$i_c = \sin^{-1} \frac{1}{1.33} \tag{2.33}$$

であるから，臨界角は，48.6°である．

プールに潜って水面を見上げたとき，水面がキラキラと光って見えるのはこの全反射による．全反射プリズムやコーナーキューブもこの現象を利用している．

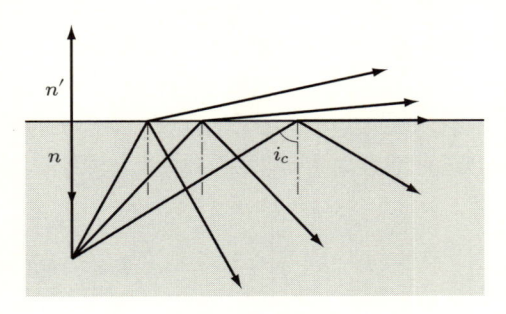

図 2.17 全反射

2.6.1 光ファイバー

光ファイバーは，屈折率がやや高いコアとよばれる直径数ミクロンから数十ミクロンの透明な円柱状の繊維を，それよりも屈折率が低いクラッドで囲んだ構造になっている．コア内の光は，クラッドとの境界面で全反射を繰り返し，コア内を伝搬する．コアが透明なガラスで作られると，数十 [km] にもおよぶ長距離にわたって光を伝播

させることができ，光通信に利用されている．

次に，コアに光が入射し，全反射してコア内を伝播する条件を求めてみよう．図 2.18 のように，コアの屈折率を n_1，クラッドの屈折率を n_2 とする．ただし $n_1 > n_2$ である．コアの端面における入射角を θ とする．屈折角を θ' とすると，

$$\sin\theta = n_1 \sin\theta' \tag{2.34}$$

となる．また，全反射する臨界角の条件は，

$$n_1 \sin\left(\frac{\pi}{2} - \theta'\right) \geq n_2 \sin\frac{\pi}{2} \tag{2.35}$$

である．したがって，入射角 θ は次の範囲でなければならない．

$$0 \leq \theta \leq \sin^{-1}\sqrt{n_1^2 - n_2^2} \tag{2.36}$$

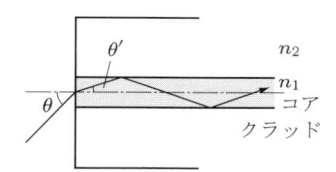

図 2.18 光ファイバーのコアを伝播する光

◆ 2.7 球面での反射と距離の定義

球面上での光の反射を考えよう．図 2.19 は凹球面反射鏡に，点光源 P からの光線が入射した場合の反射の様子を示している．球面の曲率中心を C，直線 PC と反射面との交点を O とする．直線 PCO を光軸という．点光源 P から出て，反射鏡面上の点 Q で反射された光線が，光軸と交わる点を P′ とする．

2.7.1 距離と角度の符号

ここで，点 O を基準に各点までの距離を定義しよう．距離は，一般の座標系と同じく，左から右に向けて正 (+) とする．光軸からの高さは，上に正とする．したがって，光源 P から O 点までの距離を s とすると，その符号は負である．点 P′ から点 O までの距離を s' とし，その符号も負である．凹面の曲率半径を r とし，この曲面は右から見て凹面であり，曲率中心 C が距離の基準点 O の左にあるので，曲率半径 r の符号は，負である．反射点 Q の高さ (光軸までの距離) を h とする．また，角度の符号は，光軸から光線を見たときの最小の角度をとり，反時計まわりを正とする．光軸

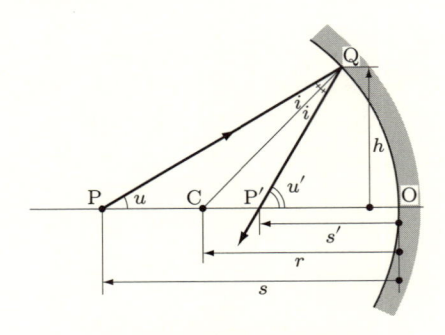

図 2.19 球面における反射

と光線 PQ のなす角を u，球面に対する入射角と反射角を i とする．また，光線 QP′ と光軸のなす角を u' とする．このように，距離や高さ，曲率半径などの符号を厳密に定義したのは，複雑な光学系では，何枚もの面での反射や屈折を考えなけえばならないので，計算を体系的に行いたいからである．

2.7.2 球面での反射

三角形 PQC に正弦定理を適用すると，次の式が得られる．

$$\frac{\sin i}{-s-(-r)} = \frac{\sin u}{-r} \tag{2.37}$$

さらに，三角形 CQP′ に正弦定理を適用すると，

$$\frac{\sin i}{-r-(-s')} = \frac{\sin(\pi - u')}{-r} \tag{2.38}$$

が得られる．また，

$$\tan u = \frac{h}{-s} \tag{2.39}$$

$$u' = u + 2i \tag{2.40}$$

である．
　点光源からは，いろいろな角度で光線が放射され，いろいろな高さで反射面で反射されるが，それらの光線がすべて一つの点 P′ を通過すれば，この点が点光源 P の像であるといえる．式 (2.38) から式 (2.40) を用いて，

$$s' = r - \frac{r \sin i}{\sin(u+2i)} \tag{2.41}$$

が得られる．s' が u によらず一定であれば，点 P′ は像であるといえる．反射点 Q の高さ h に対する点 P′ の位置 s' の関係を図 2.20 に示した．$r = -100$ [mm]，$s = -400$

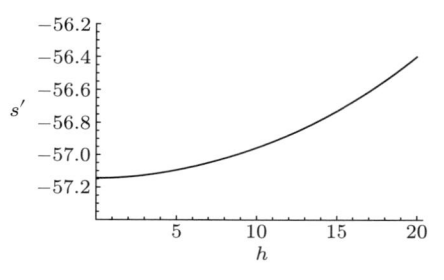

図 2.20 球面における反射

[mm] のとき，高さ h が小さい場合 (光線が光軸近くを通る場合) には，ほぼ，$s' = -57.14$ [mm] の点に光線は集まるが，それ以外では徐々に球面に近づいた点で光軸を横切る．

このように，光軸近くを通る光線のみを考えると，凹面鏡で像ができることがわかる．それ以外の光線も考慮すると，点光源の像はぼやけて点にはならない．

2.7.3 近軸光線

光軸の近傍を通過する光線を，近軸光線という．点光源 P から射出された光線が近軸光線とみなせる場合には，角度 u が十分小さいとして，式 (2.39) より，

$$\tan u \approx \sin u \approx u = \frac{h}{-s} \tag{2.42}$$

と近似できる．このことは，θ が小さいとき，$\sin\theta \approx \theta - \theta^3/6$ と近似されることからもわかる．参考のため，θ に対する $\sin\theta$ の値を，表 2.3 に示す．

表 2.3 θ と $\sin\theta$

θ 度	θ ラジアン	$\sin\theta$
1.0	0.01745	0.01745
2.0	0.03491	0.03490
3.0	0.05236	0.05234
4.0	0.06981	0.06976
5.0	0.08727	0.08716
6.0	0.10472	0.10453
7.0	0.12217	0.12187
8.0	0.13963	0.13917
9.0	0.15708	0.15643
10.0	0.17453	0.17365
15.0	0.26180	0.25882
20.0	0.34907	0.34202
30.0	0.52360	0.50000

この条件は，光線の高さ h が十分小さいことも意味する．近軸光線では，小さい角度のみを考えるので，$\sin\theta \approx \theta$，$\cos\theta \approx 1$，$\tan\theta \approx \theta$ とすることができる．

したがって屈折の法則は，
$$ni = n'i' \tag{2.43}$$
となる．

近軸光線に対する式 (2.37) と式 (2.38) は，
$$\frac{i}{-s+r} = \frac{u}{-r} \tag{2.44}$$

$$\frac{i}{-r+s'} = \frac{u'}{-r} \tag{2.45}$$

と近似され，これを式 (2.40) に代入すると，
$$\frac{1}{s} + \frac{1}{s'} = \frac{2}{r} \tag{2.46}$$

が得られる．この式には，角度も光線の高さ h も含まれていない．したがって，光源 P を出たすべての近軸光線は，像点 P′ に集まることになる．これが反射鏡の結像式である．この式は，凹面のみで成立するのではなく，凸面においても成立する．ただし，$r > 0$ とすることに注意しなければならない．

例題 2.5 図 2.21 に示すように距離や角度を定義して，凸反射鏡における近軸光線の結像式を求めよ．

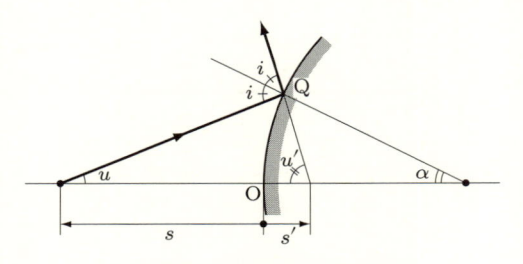

図 2.21 凸球面における反射

解答 角度に対して，
$$i = u + \alpha = u' - \alpha$$

が成り立つ．したがって，
$$-u + u' = 2\alpha$$

である．また，近軸光線を考えているので，
$$u = \frac{h}{(-s)}, \qquad u' = \frac{h}{s'}, \qquad \alpha = \frac{h}{r}$$
となる．したがって，
$$\frac{1}{s} + \frac{1}{s'} = \frac{2}{r}$$
となり，凸面に関しても凹面と同じ結像式 (2.46) が成り立つ．

2.7.4 焦点距離

点物体までの距離 s が十分大きい場合には，鏡面に入射する光線は光軸とほぼ平行であり，このとき，$s' = r/2$ となる．この平行に入射する光線が像を結ぶ点を焦点とよび，鏡面から焦点までの距離を焦点距離という．したがって，焦点距離を f' とすると，式 (2.46) は

$$\frac{1}{s} + \frac{1}{s'} = \frac{1}{f'} \tag{2.47}$$

とも書ける．ただし，

$$f' = \frac{r}{2} \tag{2.48}$$

である．

2.8 球面での屈折

球面における屈折も，反射の場合と同様に考えることができる．屈折率が n と n' の媒質が，曲率半径 r の球面で接しているとする．図 2.22 において，点光源 P より出た光線が，球面上の点 Q で屈折する．球面の曲率中心を C，点光源 P と曲率中心 C を結ぶ直線と境界面の交点を O とする．直線 POC が光軸である．屈折したあと，光線は光軸 POC を点 P' で横切る．光線と光軸のなす角を u と u' とする．各点の間の距離を，点 O を基準に反射の場合と同様に定義する．曲率半径 r は，曲率中心 C が

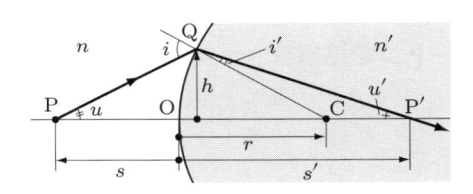

図 2.22 球面における屈折

基準点 O よりも右にあるので，$r > 0$ である．

このとき，正弦定理により，△PQC に対して，

$$\frac{\sin u}{r} = \frac{\sin(\pi - i)}{-s + r} \tag{2.49}$$

△CQP′ に対して，

$$\frac{\sin i'}{s' - r} = \frac{\sin u'}{r} \tag{2.50}$$

が成り立つ．点 Q における屈折の法則は，

$$n \sin i = n' \sin i' \tag{2.51}$$

である．したがって，

$$\frac{\sin u}{\sin u'} = \frac{s' - r}{-s + r} \frac{n'}{n} \tag{2.52}$$

となる．ここで，近軸光線のみを考えることにすると，

$$\frac{u}{u'} = \frac{s' - r}{-s + r} \frac{n'}{n} \tag{2.53}$$

となり，また，

$$\frac{u}{u'} = \frac{h/(-s)}{h/s'} = -\frac{s'}{s} \tag{2.54}$$

である．したがって，

$$-\frac{n}{s} + \frac{n'}{s'} = \frac{n' - n}{r} \tag{2.55}$$

が得られる．この式は，角度や光線の高さの項を含まない．したがって，近軸光線に対しては，点光源 P から出たすべての光は，点 P′ に収束し，像を作ることがわかる．これを理想結像という．したがって，式 (2.55) は球面の結像式である．この式 (2.55) を変形して，

$$n\left(\frac{1}{r} - \frac{1}{s}\right) = n'\left(\frac{1}{r} - \frac{1}{s'}\right) \tag{2.56}$$

を得る．左辺は第 1 番目の空間に関する量，右辺は第 2 番目の空間に関する量のみで表されている．各辺の量は，アッベの不変量とよばれ，近軸光線に対して不変である．

2.8.1 焦点とニュートンの結像式

物点が無限遠 ($s = -\infty$) にあると，入射光線は光軸に平行になる．このときの像点の位置 $s' = f'$ を後側焦点 F′ といい，f' を焦点距離という．また，像点が無限遠にあるときの物点位置を前側焦点 F といい，焦点距離は $s = f$ である．したがって，式 (2.55) を用いると，

$$f = -\frac{nr}{n'-n} \tag{2.57}$$

$$f' = \frac{n'r}{n'-n} \tag{2.58}$$

となる．また，

$$\frac{f'}{f} = -\frac{n'}{n} \tag{2.59}$$

$$f + f' = r \tag{2.60}$$

が成り立つ．焦点距離を用いると，式 (2.55) は，

$$-\frac{n}{s} + \frac{n'}{s'} = -\frac{n}{f} = \frac{n'}{f'} \tag{2.61}$$

となる．次に，焦点を原点として物点と像点までの距離を定義しよう．すなわち，

$$x = s - f \tag{2.62}$$
$$x' = s' - f' \tag{2.63}$$

とする．これを，式 (2.61) に代入すると，

$$xx' = ff' \tag{2.64}$$

が得られる．これをニュートンの結像式という．

2.8.2 球面での屈折と反射の関係

球面における反射の結像式 (2.46) と屈折の結像式 (2.55) を比較してみると，反射後の屈折率を $n' = -n$ とおけば，屈折の結像式 (2.55) が，そのまま反射の場合にも適用できることがわかる．

2.8.3 光軸外の物体の結像と横倍率

いままでは，光軸上にある物体の結像を考えてきたが，物体が光軸外にある場合でも，光軸からあまり離れていない場合には理想結像する．

次に，横倍率を考えよう．図 2.23 のように，軸上の物点 P と像点 P' は結像の関係にある (互いに共役であるともいう) とする．軸を，境界の曲率中心 C に対して微小角回転させて，物点 P が Q に，像点 P' が Q' に移動したとする．このときも，物点 Q と像点 Q' は結像の関係にあると考えられる．このとき，物体と像の大きさを $\overline{PQ} = y$，$\overline{P'Q'} = y'$ とする．すると，横倍率 β を物体の高さ y と像の高さ y' の比として定義すると，

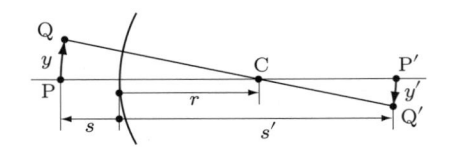

図 2.23 軸外の物体の結像と横倍率

$$\beta = \frac{y'}{y} = \frac{s'-r}{s-r} \tag{2.65}$$

となる．ここで，式 (2.56) を使うと，

$$\beta = \frac{y'}{y} = \frac{ns'}{n's} \tag{2.66}$$

となり，さらに，式 (2.62) と式 (2.63) を代入し，ニュートンの式 (2.64) を用いると，

$$\beta = \frac{ns'}{n's} = \frac{n(f'+x')}{n'(f+x)} = \frac{n(f'+ff'/x)}{n'(f+x)} = \frac{n(x+f)f'}{n'x(f+x)} = \frac{nf'}{n'x} = -\frac{f}{x} = -\frac{x'}{f'} \tag{2.67}$$

が得られる．

2.8.4 水中の見かけの深さ

水面に垂直に棒を立て，これを上の方から見ると，棒は水面で曲がっているように見える．この現象は，光の屈折による．図 2.24 に示すように，棒上の一点 A から出た光は，水面 B で屈折して眼 C に到達する．観測している人間にとっては，光は直進して眼に届くように感じるので，CB の延長線上の点 A′ から光が来たように見える．棒と水面との交点を O とする．空気の屈折率を 1，水の屈折率を n として，屈折の法則 $n\sin i = \sin r$ と，三角形 ABA′ における正弦定理により，

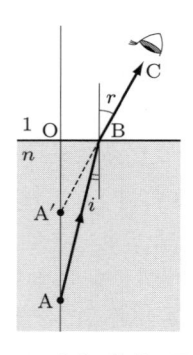

図 2.24 水中の物体の見え方

$$\frac{\overline{\mathrm{BA'}}}{\overline{\mathrm{BA}}} = \frac{\sin i}{\sin(\pi - r)} = \frac{1}{n} \tag{2.68}$$

である．視点 C が十分棒に近いときは，B はほとんど O に近づくので，

$$\frac{\overline{\mathrm{OA'}}}{\overline{\mathrm{OA}}} = \frac{1}{n} \tag{2.69}$$

となる．したがって，見かけの深さ OA′ は真の深さ OA の $1/n$ であることがわかる．

この現象は，球面における屈折の式 (2.55) を用いると簡単に解析できる．境界面は平面であるので，$r = \infty$ である．また，$\overline{\mathrm{OA}} = s$, $\overline{\mathrm{OA'}} = s'$ であるので，ただちに，式 (2.69) が導かれる．

例題 2.6 図 2.25 のように，顕微鏡で，標識となる点物体 A に焦点を合わせておく．次に，屈折率が未知の平行平面ガラスをその上に置き，このガラス板を通して標識 A を観察し，顕微鏡対物レンズを動かして鮮明な像が得られる位置を測定する．このときの顕微鏡対物レンズの動いた距離を d としたとき，ガラス板の屈折率 n を求めよ．ただし，平行平面ガラス板の厚さを t とする．

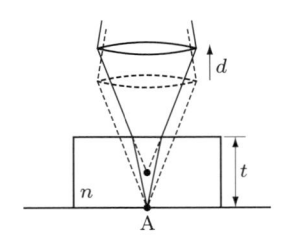

図 2.25 ガラス板の屈折率測定

解答 点物体 A は，レンズのもとの位置から t/n の位置に見えるので，レンズの移動距離は，

$$d = t - \frac{t}{n}$$

となる．したがって，

$$n = \frac{t}{t - d}$$

である．

◆ 演習問題 ◆

[2.1] 図 2.26 に示すように，屈折率 n_1 の媒質中に，屈折率が n_2 の平行平面ガラス板が置かれている．入射角 θ でガラス板に入射した光線は，このガラス板を通過した後，どれだけずれるか．ただし，ガラス板の厚さを d とせよ．

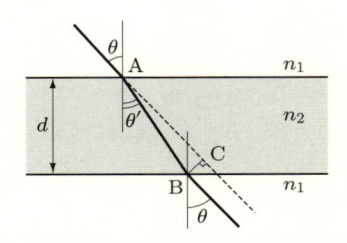

図 2.26 平行平面ガラス板における光線のずれ

[2.2] 屈折率 1.5，厚さ 10 [mm] の平行平面ガラスがある．60°の入射角で光線を当てたときのガラスを通過した光線のずれの大きさを求めよ．

[2.3] 屈折率が n_1 で厚さが d_1 の透明な平行平面板の下に，屈折率が n_2 で厚さが d_2 の透明な平行平面板を重ねて，真上から見る．2 枚の平行平面板全体の見かけの厚さを求めよ．

[2.4] 頂角 θ が小さいプリズムに，ほぼ垂直に入射する光線の振れ角は $(n-1)\theta$ であることを示せ．

[2.5] 曲率半径が r のガラス玉があり，この中に表面から深さ a の位置に微小気泡がある．この気泡の見かけの深さを求めよ．ただし，ガラスの屈折率を n とせよ．

[2.6] 曲率半径 r の凸面鏡がある．光軸上で鏡面から a の距離に点光源があり，秒速 v で鏡面の方に移動しているとき，その像の移動速度を求めよ．

[2.7] 図 2.22 で示された曲面における屈折について，近軸光線に関する結像の式 (2.56) を，フェルマーの原理を用いて証明せよ．

[2.8] 水面下 100 [mm] のところに，点光源がある．水面上のどこからもこの点光源を見えなくするために，円形の紙を水面に浮かべた．紙の最小半径を求めよ．ただし，水の屈折率を 4/3 とせよ．

[2.9] 凹面鏡の前方に物体を置き，その像をスクリーンに結像したところ，倍率 2 の倒立像が得られた．次に，物体とスクリーンをそれぞれ移動して，また物体の像を見たところ，倒立像の倍率は 3 で，スクリーンの移動距離は凹面鏡から離れる方向に 750 [mm] であった．このとき，物体の移動距離を求めよ．また，凹面鏡の曲率半径はいくらか．

第3章 レンズ

3.1 薄肉レンズ

二つの球面によってできたレンズを考えよう．図 3.1 に示すように，空気の屈折率を 1 とし，レンズの屈折率を n とする．二つの球面の曲率中心を結んだ直線を光軸とよぶ．通常，光学系はこの光軸の周りに回転対称である．

レンズを構成する二つの球面に対して，それぞれ式 (2.55) が成り立つ．

$$-\frac{1}{s_1} + \frac{n}{s_1'} = \frac{n-1}{r_1} \tag{3.1}$$

$$-\frac{n}{s_2} + \frac{1}{s_2'} = \frac{1-n}{r_2} \tag{3.2}$$

ただし，s_1, s_1', r_1 は第 1 面に対する物点と像点までの距離と曲率半径，s_2, s_2', r_2 は第 2 面のそれである．ここで，レンズの厚さが十分薄い場合には，$s_1' = s_2$ とみなすことができて，式 (3.1) と式 (3.2) を加えると，

$$-\frac{1}{s_1} + \frac{1}{s_2'} = (n-1)\left(\frac{1}{r_1} - \frac{1}{r_2}\right) \tag{3.3}$$

が成立する．このような近似ができるレンズを，薄肉レンズという．

光軸に平行な光が入射した場合には，$s_1 = -\infty$ であるので，このときの像の位置 s_F' は，

$$\frac{1}{s_\mathrm{F}'} = (n-1)\left(\frac{1}{r_1} - \frac{1}{r_2}\right) \tag{3.4}$$

であり，この点が焦点である．$f' = s_\mathrm{F}'$ を後側焦点距離という．また，無限遠に像点

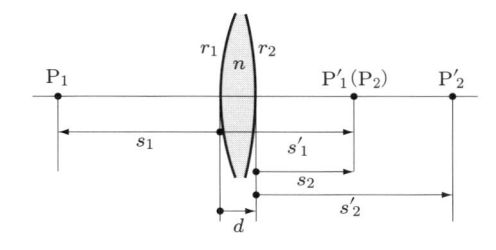

図 3.1 薄肉レンズ

を結ぶには，光源の位置 s_F は，

$$-\frac{1}{s_\mathrm{F}} = (n-1)\left(\frac{1}{r_1} - \frac{1}{r_2}\right) \tag{3.5}$$

を満たす．$f = s_\mathrm{F}$ は前側焦点距離で，$f' = -f$ である．

ここで，改めて薄肉レンズから物点までの距離を $s = s_1$，像点までの距離を $s' = s'_2$ とすると，

$$-\frac{1}{s} + \frac{1}{s'} = \frac{1}{f'} \tag{3.6}$$

となる．これを，薄肉レンズの結像式，あるいは単に，レンズの公式とよぶ．ただし，

$$\frac{1}{f'} = -\frac{1}{f} = (n-1)\left(\frac{1}{r_1} - \frac{1}{r_2}\right) \tag{3.7}$$

である．後側焦点距離 f' を単に焦点距離という．また，焦点距離の逆数をパワーもしくは屈折力という．

$$P = \frac{1}{f'} = (n-1)\left(\frac{1}{r_1} - \frac{1}{r_2}\right) \tag{3.8}$$

ここで，物点と像点の位置を表す座標の原点を，それぞれ前側焦点と後側焦点の位置にとってみよう．

$$x = s - f \tag{3.9}$$

$$x' = s' - f' \tag{3.10}$$

これを，式 (3.6) に代入すると，

$$xx' = ff' \tag{3.11}$$

が得られる．ここでもニュートンの結像式が成り立つ．結像光学系において，物点と像点の関係にある二点は，互いに共役であるという．

例題 3.1 図 3.2 のように，点光源 A とスクリーン S を間隔 l で置き，薄肉凸レンズを両者の間に挿入して，点 A から S まで移動させる．このとき，2 箇所で鮮明な点像がスクリーン上に得られたという．この 2 箇所の間の距離を d として，レンズの焦点距離 f' を求めよ．

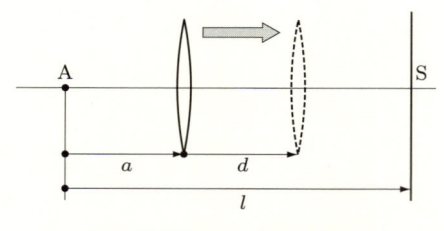

図 3.2 薄肉凸レンズの移動

解答 初めに鮮明な像ができた位置は点光源 A から距離 a であったとする。このとき,
$$-\frac{1}{-a} + \frac{1}{l-a} = \frac{1}{f'}$$
となる。次に鮮明な像ができる位置は、初めに鮮明な像ができた位置と対称であるはずなので、$a + d + a = l$ が成り立つ。これより、$a = (l-d)/2$ であるので,
$$\frac{2}{l-d} + \frac{1}{l-(l-d)/2} = \frac{1}{f'}$$
である。よって,
$$f' = \frac{l^2 - d^2}{4l}$$
が得られる。

例題 3.2 屈折率が n の薄肉レンズの後側焦点距離が f' であった。このレンズを屈折率 n_L の液体に入れたときの焦点距離は、空気中にあったときに比べてどのようになるか。

解答 レンズの外側の屈折率を考慮して、式 (3.1), (3.2) に相当する式を、式 (2.55) から求めると,
$$-\frac{n_L}{s_1} + \frac{n}{s'_1} = \frac{n - n_L}{r_1}, \qquad -\frac{n}{s_2} + \frac{n_L}{s'_2} = \frac{n_L - n}{r_2}$$
となる。ここで、$s'_1 = s_2$ の条件から、次のようになる。
$$-\frac{n_L}{s_1} + \frac{n_L}{s'_2} = (n - n_L)\left(\frac{1}{r_1} - \frac{1}{r_2}\right)$$
$s_1 = -\infty$ としたときの像の位置 s'_F が焦点距離であるので,
$$\frac{1}{f'_L} = \frac{n - n_L}{n_L}\left(\frac{1}{r_1} - \frac{1}{r_2}\right)$$
である。よって、周りが空気の場合の焦点距離の公式 (3.7) を用いると、次式となる。
$$\frac{f'_L}{f'} = \frac{n_L(n-1)}{n - n_L} \tag{3.12}$$

例題 3.3 メガネレンズの屈折力を測定するための装置にレンズメーターがある。この装置の原理は色々あるが、もっとも簡単なものの一つを図 3.3 に示す。まず、点光源をレンズ L_1 の前側焦点 F_1 の位置に置き平行光を作り、レンズ L_2 の焦点面に置かれたスクリーン上に点像を作る。次に、レンズ L_1 の後側焦点 F'_1 の位置に、測定したいメガネレンズ L

を置き，点像がスクリーン上に結像されるように，点光源の位置を光軸上で前後させる．このときの点光源の移動距離 x_1 とレンズの屈折力 P との関係を求めよ．

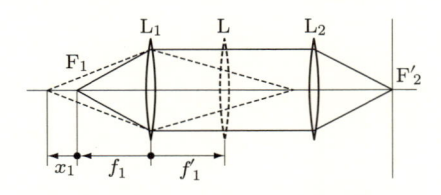

図 3.3 レンズメーターの光学系

解答 メガネレンズ L が無限遠に像を作るような条件を求めればよい．

点光源を x_1 だけ移動させたときのレンズ L_1 による像の移動距離を x_1' とすると，ニュートンの式 (3.11) より，

$$x_1 x_1' = f_1 f_1'$$

となる．レンズ L はレンズ L_1 の後側焦点の位置に置かれているので，その結像に対しては，

$$-\frac{1}{x_1'} + \frac{1}{s'} = \frac{1}{f'}$$

が成り立つ．レンズの像は無限遠になくてはならないので，$s' \to \infty$ として，

$$-\frac{1}{x_1'} = \frac{1}{f'}$$

となる．これらの結果から，

$$P = \frac{1}{f'} = -\frac{x_1}{f_1 f_1'}$$

となる．したがって，メガネレンズの屈折力と光源の移動量は比例する．$1/(f_1 f_1')$ に比例する目盛りで距離を測れば，読みがそのまま屈折力になるようにすることができる．

◆ 3.2 レンズの組み合わせ

図 3.4 に示すように，それぞれの焦点距離が f_1' と f_2' の 2 枚のレンズが，間隔 d をおいて並んで置かれている場合を考えよう．ふたつのレンズの光軸は一致しているものとする．一般に，いくつかの光学系があり，それぞれの光軸が一致しているものを共軸光学系という．第 1 番目のレンズに対する物点位置を s_1，像点位置を s_1'，第 2 番目のレンズに対する物点位置を s_2，像点位置を s_2' とする．各レンズの結像式は，

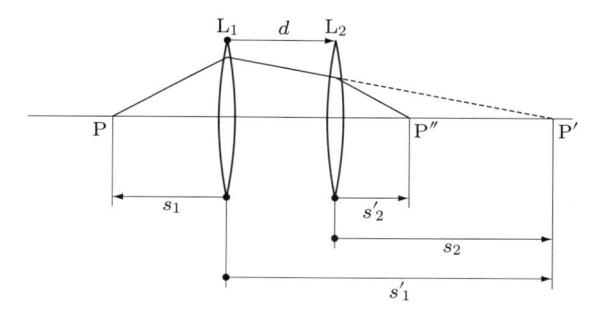

図 3.4 2 枚の薄肉レンズの組み合わせ

$$-\frac{1}{s_1} + \frac{1}{s'_1} = \frac{1}{f'_1} \tag{3.13}$$

$$-\frac{1}{s_2} + \frac{1}{s'_2} = \frac{1}{f'_2} \tag{3.14}$$

である．また，

$$d = s'_1 - s_2 \tag{3.15}$$

であるので，式 (3.14) は

$$-\frac{1}{s'_1 - d} + \frac{1}{s'_2} = \frac{1}{f'_2} \tag{3.16}$$

となる．2 枚のレンズが密着しているときには，$d = 0$ であるので，式 (3.13), (3.16) から次式となる．

$$-\frac{1}{s_1} + \frac{1}{s'_2} = \frac{1}{f'_1} + \frac{1}{f'_2} = \frac{1}{f'} \tag{3.17}$$

ここで，f' は 2 枚の密着させたレンズの合成焦点距離である．

一般に，N 枚のレンズを密着させた場合には，次式が成り立つ．

$$\frac{1}{f'} = \sum_{i=1}^{N} \frac{1}{f'_i} \tag{3.18}$$

レンズの焦点距離の逆数を屈折力 (パワー)P とよぶことはすでに述べた．各レンズの屈折力を P_i とすると，密着させたレンズの屈折力は，次のように表される．

$$P = \sum_{i=1}^{N} P_i \tag{3.19}$$

3.2.1 ジオプター

通常，レンズの屈折力は，m (メートル) 単位で測定した焦点距離の逆数をとって表し，単位をジオプターとよぶ．焦点距離 200 [mm] のレンズの屈折力 (レンズの度数と

もいう) は，5 ジオプターである．薄レンズを何枚か密着させた場合の合成の屈折力は，式 (3.19) より，各レンズの屈折力の和となる．

3.3 厚肉レンズ

　一般のレンズは，レンズの厚みの影響を考慮して，焦点距離などを決めなければならない．レンズの屈折率を n とし，二つの球面に対する焦点距離を f_1', f_2 と定義しよう．第 1 面に対する物点，像点までの距離を，s_1, s_1' とし，第 2 面に対しても同様に定義する．

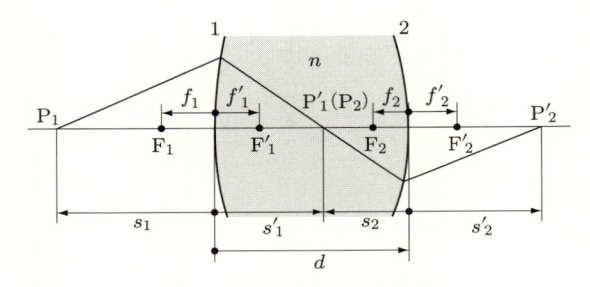

図 3.5 厚肉レンズにおける結像

　まず，図 3.5 において，レンズの厚み (第 1 境界面と第 2 境界面の間の距離) を d とすると，

$$d = s_1' - s_2 \tag{3.20}$$

が成り立つ．さらに，式 (2.61) から，第 1 面と第 2 面に対して，

$$-\frac{1}{s_1} + \frac{n}{s_1'} = \frac{n}{f_1'} \tag{3.21}$$

$$-\frac{n}{s_2} + \frac{1}{s_2'} = -\frac{n}{f_2} \tag{3.22}$$

が成り立つ．次に，厚肉レンズの後側焦点の位置 s_F' を求めよう．$s_1 = -\infty$, $s_2' = s_F'$ とすればよい．すなわち，

$$\frac{n}{s_1'} = \frac{n}{f_1'} \tag{3.23}$$

$$-\frac{n}{s_2} + \frac{1}{s_F'} = -\frac{n}{f_2} \tag{3.24}$$

と式 (3.20) を用いて，次式となる．

$$s'_F = -\frac{f'_1 f_2}{n(f'_1 - f_2 - d)} + \frac{f_2 d}{n(f'_1 - f_2 - d)} \tag{3.25}$$

同様に，前側焦点の位置は，$s'_2 = \infty$, $s_1 = s_F$ とすればよいので，

$$s_F = \frac{f'_1 f_2}{n(f'_1 - f_2 - d)} + \frac{f'_1 d}{n(f'_1 - f_2 - d)} \tag{3.26}$$

となる．ここで，

$$s_H = \frac{f'_1 d}{n(f'_1 - f_2 - d)} \tag{3.27}$$

$$s'_H = \frac{f_2 d}{n(f'_1 - f_2 - d)} \tag{3.28}$$

とおく．また，式 (2.57) と式 (2.58) を用いると，

$$s_H = \frac{r_1 d}{n(r_1 - r_2) - (n-1)d} \tag{3.29}$$

$$s'_H = \frac{r_2 d}{n(r_1 - r_2) - (n-1)d} \tag{3.30}$$

が得られる．さらに，

$$s_F - s_H = \frac{f'_1 f_2}{n(f'_1 - f_2 - d)} = f \tag{3.31}$$

$$s'_F - s'_H = -\frac{f'_1 f_2}{n(f'_1 - f_2 - d)} = f' \tag{3.32}$$

とおくと，これらは，第 1 と第 2 の境界面から s_H と s'_H の距離にある点から測った厚肉レンズの焦点距離であることがわかる (s_F と s'_F は，それぞれの第 1 と第 2 の境界面から測った焦点距離であった)．

ここで，式 (2.57) と式 (2.58) を用いて，焦点距離を表す式 (3.32) を書き直すと，

$$\frac{1}{f'} = (n-1)\left(\frac{1}{r_1} - \frac{1}{r_2}\right) + \frac{(n-1)^2 d}{n r_1 r_2} \tag{3.33}$$

が得られる．さらに，厚肉レンズに対する物点と像点までの距離も，第 1 と第 2 の境界面から s_H と s'_H の距離にある点から測ることにする．すなわち，

$$s = s_1 - s_H \tag{3.34}$$

$$s' = s'_2 - s'_H \tag{3.35}$$

である．ここで，式 (3.21) と式 (3.22) の s'_1 と s_2 を，式 (3.20) を使って消去すると，

$$\frac{f'_1 s_1}{n s_1 + f'_1} - \frac{f_2 s'_2}{n s'_2 + f_2} = \frac{d}{n} \tag{3.36}$$

となる．さらに計算を進め，

$$(f_1' - d)f_2 s_1 - (f_2 + d)f_1' s_2' + n(f_1' - f_2 - d)s_1 s_2' = \frac{f_1' f_2 d}{n} \tag{3.37}$$

これを整理して，次式が得られる．

$$\frac{f_1' f_2}{n(f_1' - f_2 - d)} s_1 - \frac{f_2 d}{n(f_1' - f_2 - d)} s_1$$
$$- \frac{f_1' f_2}{n(f_1' - f_2 - d)} s_2' - \frac{f_1' d}{n(f_1' - f_2 - d)} s_2' + s_1 s_2' = \frac{f_1' f_2 d}{n^2(f_1' - f_2 - d)} \tag{3.38}$$

ここで，式 (3.27), (3.28), (3.31) を代入すると，

$$f s_1 - s_H' s_1 - f s_2' - s_H s_2' + s_1 s_2' = \frac{fd}{n} \tag{3.39}$$

となり，さらに，式 (3.34) と式 (3.35) を代入すると，

$$fs - fs' + ss' + f\left(s_H - s_H' - \frac{d}{n}\right) - s_H s_H' = 0 \tag{3.40}$$

となる．式 (3.27) と式 (3.28) から，次の 2 式

$$s_H s_H' = \frac{f_1' f_2 d^2}{n^2(f_1' - f_2 - d)^2} = \frac{fd^2}{n(f_1' - f_2 - d)} \tag{3.41}$$

$$s_H - s_H' = \frac{(f_1' - f_2)d}{n(f_1' - f_2 - d)} \tag{3.42}$$

が得られ，これを用いると，

$$fs - fs' + ss' = 0 \tag{3.43}$$

となる．よって，次のようになる．

$$-\frac{1}{s} + \frac{1}{s'} = -\frac{1}{f} = \frac{1}{f'} \tag{3.44}$$

図 3.6 のように，焦点距離や物点や像点までの距離を第 1 の境界面から s_H，第 2 の境界面から s_H' の距離にある点を基準点として定義すると，厚肉レンズでも薄肉レンズの結像式が成り立つことがわかる．

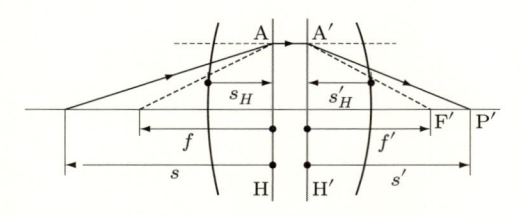

図 3.6 厚肉レンズにおける主平面と主点

3.3.1 主点と主平面

第1と第2の境界面からそれぞれ s_H と s'_H の距離にある基準点を，前側主点 H と後側主点 H' という．主点を含み，光軸に垂直な平面を主平面 という．式 (3.44) より，物点が主平点上にあると，$s = 0$ より $s' = 0$ でなくてはならないので，像点も主点の上にあることになる．また，式 (2.66) より，横倍率 $\beta = 1$ が得られる．したがって，二つの主平面は互いに倍率 1 で結像の関係にある．

例題 3.4 両凸レンズ，平凸レンズの二つの主点 H と H' の位置を求めよ．ただし，レンズの厚さは，レンズ面の曲率半径よりも十分小さいとせよ．

解答 式 (3.29) と式 (3.30) において，分母の d を無視すると，

$$s_H = \frac{r_1 d}{n(r_1 - r_2)}, \qquad s'_H = \frac{r_2 d}{n(r_1 - r_2)}$$

となる．両凸レンズの場合には，$r_1 > 0$，$r_2 < 0$ であるから，$s_H > 0$，$s'_H < 0$ である．また，平凸レンズの場合には，$r_1 = \infty$，$r_2 < 0$ であるから，$s_H > 0$，$s'_H = 0$ である．これを図示すると，図 3.7 になる．一般に，レンズの片面が平面である場合には，主点の一つはもう一方の面上にあることがわかる．

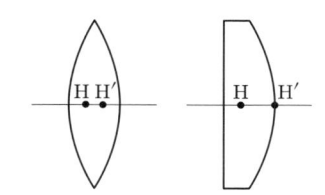

図 3.7 両凸レンズと平凸レンズの主点

3.3.2 共軸光学系における結像と作図による説明

境界の球面がいくつもある光学系で，各境界面の曲率中心が一直線上にある場合を共軸光学系という．近軸光線を対象にしている場合には，いままで述べてきた結像式を順次組み合わせれば，最終的な像点を求めることができる．しかし，この作業ははなはだ複雑で厄介である．厚肉レンズの解析で導入した主平面の概念と焦点を使うと，見通しのよい解析ができる．

一般に，共軸光学系においては，二つの焦点と二つの主点が存在する．この焦点と主点 (あるいは主平面) を利用すれば，境界球面の位置を考慮することなく，結像の状態を解析できる．図 3.8(a) はその例であり，二つの焦点位置 (F と F') と二つの主平

(a) 厚肉レンズの結像

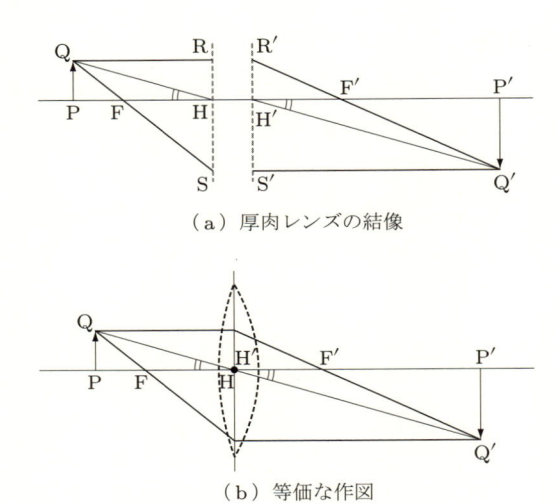

(b) 等価な作図

図 3.8 厚肉レンズにおける主平面と主点

面 (H と H') の位置がわかっているとする．軸外の物点 Q から光軸に平行な光線を考え，その物体側主平面との交点を R とする．二つの主平面は倍率 1 で結像関係にあるので，像側主平面上で R と同じ高さの点 R' を出た光線は後側焦点 F' を通る．同様に，物点 Q を出て焦点 F を通り，物体側主平面を S で横切る光線は，後側主平面で同じ高さの S' 点から光軸に平行に進む光線となる．両光線の交点 Q' が物点 Q の像である．このようにして，主点と焦点位置がわかれば，境界面の位置を考慮することなく像点を求めることができる．

また，物空間と像空間の屈折率が等しい場合には，物点 Q を出て主点 H に向かう光線は，同じ角度で主点 H' を出て像点 Q' に向かうことも示すことができる．

このような事項を考慮すると，共軸光学系においては，二つの主平面間の光線の進みは無視して，図 3.8(b) のようにあたかも両者が密着しているようにみなしてよいことがわかる．この事実から，複雑な組み合わせレンズでも，薄肉単レンズと同等な取扱いができることがわかる．もちろん，近軸領域に限ったことである．

この方法を使うと，近軸領域における結像を作図することができる．作図に利用する光線は，レンズの場合には，図 3.8(b) のように次の 3 本を使うとよい．

1. 光軸に平行に進む光線：この光線は，レンズ透過後，後側焦点 F' を通る．
2. 前側焦点 F を通る光線：この光線は，レンズ透過後，光軸に平行に進む．
3. レンズの中心 H または H' に進む光線：この光線は，レンズを直進する (物空間と像空間の屈折率が等しい場合)．

例題 3.5 焦点距離が 100 [mm] の凸レンズがある．レンズの前方 300 [mm] に高さ 20 [mm] の物体がある．このときの結像を作図せよ．

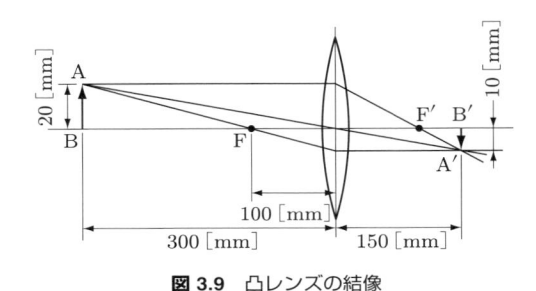

解答 図 3.9 となる．

図 3.9 凸レンズの結像

例題 3.6 凹面鏡の場合に，作図によって結像を説明するためにはどのような光線を考えればよいか．また，この光線を用いて凹面鏡における結像を作図せよ．

解答 作図に利用するとよい光線は，
1. 光軸に平行に進む光線：この光線は，反射後，焦点 F を通る．
2. 焦点 F を通る光線：この光線は，反射後，光軸に平行に進む．
3. 凹面鏡の中心 (光軸と凹面鏡の交点) に入射する光線：この光線は，入射角と同じ大きさの角度で反射する (光軸は鏡面の垂線であるから)．

である．作図例を図 3.10 に示す．

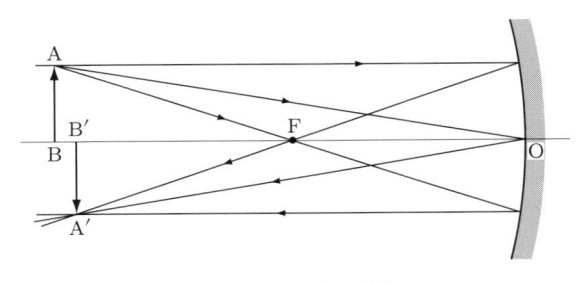

図 3.10 凹面鏡の結像

ここで，レンズの横倍率を考えてみよう．図 3.8(a) から，像の高さは $\overline{P'Q'} = \overline{H'S'} = \overline{HS}$ である．三角形 QPF と三角形 SHF は相似であることから，横倍率は，

$$\beta = \frac{\overline{P'Q'}}{\overline{PQ}} = \frac{\overline{HS}}{\overline{PQ}} = \frac{\overline{HF}}{\overline{PF}} = \frac{f}{(-x)} \tag{3.45}$$

となり，球面での結像における横倍率の式 (2.67) とまったく同じになる．

3.4 収 差

　近軸領域における結像は，理想的な結像で，物点から出た光線はすべて像点に収束する．しかし，近軸光線以外の光線は必ずしも一点に集まらず，像にはボケが生じる．これを収差という．

　収差には，近軸光線以外を使って結像することによって生じる収差と，屈折率の分散の影響によって生じる収差 (色収差) がある．図 3.11 に，凸レンズの収差の例を示す．近軸光線が作る像点と，近軸外の光線が作る像点の位置が異なっていることがわかる．このような収差を球面収差という．球面収差以外にも，コマ，非点収差，像面湾曲，歪曲などが知られている．いろいろな曲率や屈折率のガラスを組み合わせることによって，収差を少なくすることができる．カメラレンズが何枚ものレンズを組み合わせてできているのも，この収差を低く抑えるためである．

　式 (3.8) からもわかるように，曲面の曲率半径を変化させても屈折力を同じに保つことができる．たとえば，図 3.12 は，近軸光線に対してほぼ同じ焦点距離をもつ平凸レンズと凸平レンズの球面収差の変化を示している．この例からもわかるように，平凸レンズで遠方の物体の像を作る場合には，凸面を物体側にした方が収差の少ない像

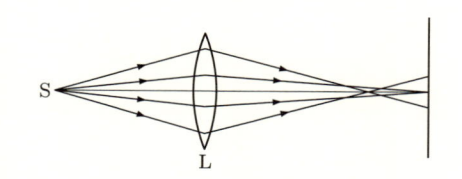

図 3.11 球面収差

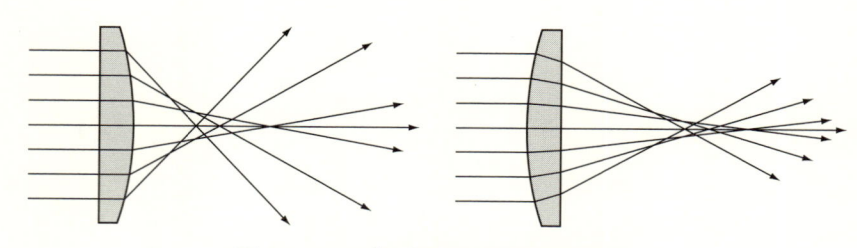

図 3.12 レンズの曲率変化と球面収差の変化

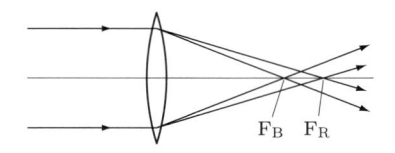

図 3.13　単凸レンズの色収差
波長によって焦点距離が変わる．青 (B) の光よりも赤 (R) の光のほうが焦点距離は長い．

が得られる．

ガラスの分散によって色収差が発生することはすでに述べた．図 3.13 に凸レンズの色収差の例を示す．波長の長い光の屈折率は，波長の短い光よりも小さいので，式 (3.7) からわかるように焦点距離が長くなる．

分散の異なるレンズを組み合わせることで，レンズの色収差を補正することができる．色収差が補正されたレンズは色消しレンズとよばれる．

例題 3.7　(1) 光学ガラス NBK7 を用いた凸レンズ ($r_1 = 50$ [mm], $r_2 = -50$ [mm]) を作った．このとき，波長 656.3 [nm] の橙色光 (これを C 線とよぶ) と波長 486.1 [nm] の濃青光 (F 線) に対する焦点距離 f'_C と f'_F を，式 (3.7) から計算せよ．これから色収差 $f'_C - f'_F$ を求めよ．ただし，C 線と F 線に対する NBK7 の屈折率は，それぞれ，$n_C = 1.51432$, $n_F = 1.52237$ である．

(2) 光学ガラス F3 でつくった凹レンズ ($r_1 = -50$ [mm], $r_2 = -400$ [mm]) の C 線と F 線に対する焦点距離 f'_C と f'_F と色収差 $f'_C - f'_F$ を求めよ．ただし，C 線と F 線に対する F3 の屈折率は，それぞれ $n_C = 1.60805$, $n_F = 1.62464$ である．

(3) さらに，両者を貼り合わせたレンズのそれぞれの波長に対する焦点距離と色収差を計算せよ．

解答　(1) 凸レンズに対しては，式 (3.7) より，

$$f'_C = \frac{r_1 r_2}{(n_C - 1)(r_2 - r_1)} = \frac{-2500}{(1.51432 - 1)(-100)} = 48.6079$$

$$f'_F = \frac{r_1 r_2}{(n_F - 1)(r_2 - r_1)} = \frac{-2500}{(1.52237 - 1)(-100)} = 47.8588$$

となる．したがって，色収差は次のようになる．

$$f'_C - f'_F = 0.7491$$

(2) 同様に，凹レンズに対しては，

$$f'_C = -93.9772, \qquad f'_F = -91.4813$$

となる．色収差は次のようになる．
$$f'_\text{C} - f'_\text{F} = -2.49597$$

(3) 貼り合わせレンズの焦点距離 f'' は，式 (3.18) より，
$$f''_\text{C} = \frac{48.6079 \cdot (-93.9772)}{48.6079 - 93.9772} = 100.685$$
$$f''_\text{F} = \frac{47.8588 \cdot (-91.4813)}{47.8588 - 91.4813} = 100.365$$

となる．したがって，貼り合わせレンズの色収差は次のようになる．
$$f''_\text{C} - f''_\text{F} = 0.320$$

この例は，最適化されていないので，色収差が 0 とはなっていないが，分散が異なる 2 枚のレンズを貼り合わせることによって，色収差を低減できることがわかる．

◆ 演習問題 ◆

[3.1] 屈折率が $n = 1.5$ である次のような薄肉レンズの焦点距離を求めよ．
  (1) 曲率半径 100 [mm] と 100 [mm] の両凸レンズ
  (2) 曲率半径 100 [mm] と 400 [mm] の両凸レンズ
  (3) 曲率半径 100 [mm] の平凸レンズ
  (4) 曲率半径 100 [mm] の平凹レンズ
  (5) 曲率半径 100 [mm] と 400 [mm] の両凹レンズ

[3.2] 屈折率の異なるガラスでできた 2 枚のレンズを密着させたとき，この貼り合わせレンズが色消しレンズになる条件を求めよ．ただし，第 1 のレンズの曲率半径を r_{11}, r_{12}，C 線と F 線に対する屈折率を $n_{1\text{C}}$, $n_{1\text{F}}$ とせよ．また第 2 のレンズに対してはそれぞれ，r_{21}, r_{22}, $n_{2\text{C}}$, $n_{2\text{F}}$ とせよ．また，レンズが密着されているので，$r_{12} = r_{21}$ であることに注意せよ．

[3.3] 水にレンズを入れると，焦点距離が 4 倍になったという．このときのレンズの屈折率はいくらか．ただし，水の屈折率を 4/3 とせよ．

[3.4] 両凹レンズと平凹レンズの二つの主点位置について考察せよ．ただし，レンズは比較的薄いものとせよ．

[3.5] 近軸領域における凸面鏡の結像を作図せよ．

[3.6] 両凸レンズにおいて，二つの主平面の位置が与えられているとき，像の位置を作図せよ．

[3.7] 点光源から出た光を平凸レンズで平行光にするには，レンズの平面側を光源に向けた方が良好なビームが得られる．この理由を考察せよ．

[3.8] 焦点距離が f'_1 と f'_2 の 2 枚の薄肉レンズ L_1 と L_2 が，距離 d を隔てて置かれている．この組み合わせレンズの焦点距離 f を求めよ．また，主平面の位置 a と a' を求めよ．

第4章 望遠鏡と顕微鏡

　ここでは，代表的な光学器械のいくつかを考えてみよう．望遠鏡と顕微鏡は，複数のレンズや反射鏡を組み合わせて，物体の像を拡大する装置である．原理は比較的簡単であるが，両者とも近代科学の発展には不可欠の器械である．まず，われわれにとってもっとも身近な光学器械である眼と眼鏡から始めて，望遠鏡と顕微鏡の仕組みについて学ぼう．

4.1 眼と眼鏡

　ヒトの眼は，図 1.12 に示したように，角膜と水晶体のレンズ作用によって，網膜上に外界の像を作る．眼の焦点距離は，水晶体を支える筋肉を緊張させたり弛緩させたりして調節する．しかし，この調節の範囲は有限であるので，網膜上に結像できるもっとも近い点を近点といい，もっとも遠い点を遠点という．正常な眼では，近点は眼の前方約 100 [mm]，遠点は無限遠にある．正常な眼よりも眼球の奥行が深いか屈折力が大きいと，遠点は網膜の前方に結像される．これが近視眼である．また，これとは逆に，屈折力が弱いか眼球の奥行が浅いのが遠視眼である．図 4.1 に示すように，近視眼には眼の前面に凹レンズを，遠視眼には凸レンズを置けば，正常な眼と同じように見ることができる．

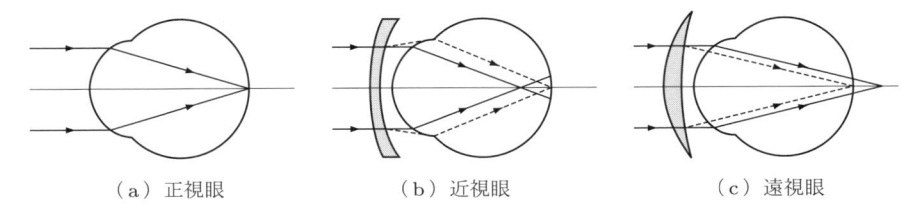

　　（a）正視眼　　　　（b）近視眼　　　　（c）遠視眼

図 4.1 眼鏡による調節

　近視眼の補正には，凹レンズの眼鏡を使うほか，角膜の屈折力を低下させる方法がある．レーザーを使って角膜を削り取る手術である角膜屈折矯正手術 (LASIK) により，裸眼のまま一定の視力が得られる．

　微細な物体を見るときには，眼を近づけて見る必要がある．そうすると網膜上には

大きな像ができるからである．しかし，近くの物体を見るには眼の筋肉を緊張させなければならない．眼の筋肉に負担をかけずに長時間見続けるためには，眼と物体までの距離を 250 [mm] にとればよいとされている．これを明視の距離という．

4.2 拡大鏡

レンズを用いて近くにある物体の拡大像を見ることができる．図 4.2 に示すように，レンズの焦点位置 F のわずかに内側に物体を置くと，拡大された虚像が見える．前章までと同じ規則で，物体からレンズまでの距離を s，レンズから像までの距離を s'，レンズの焦点距離を f と f'，物体の高さを y，像の高さを y' とする．レンズから眼 E までの距離を e，物体から眼までの距離を L，像から眼までの距離を L' とし，眼から物体を見たときの視角を w とすると，

$$\tan w = \frac{y}{L} \tag{4.1}$$

である．また，像を見たときの視角を w' とすると，

$$\tan w' = \frac{y'}{L'} \tag{4.2}$$

となる．物体に対する視角 w と像に対する視角 w' の正接の比を，角倍率という．したがって，このときの角倍率 γ は，次式となる．

$$\gamma = \frac{\tan w'}{\tan w} = \frac{y'L}{yL'} = \frac{s'L}{sL'} = \left(1 - \frac{s'}{f'}\right)\frac{L}{L'} = \{1 + P(L' - e)\}\frac{L}{L'} \tag{4.3}$$

ただし，$P = 1/f'$ はレンズの屈折力であり，$s' = -L' + e$ を用いた．

拡大鏡の倍率 (角倍率) は，観測の条件によって異なる．眼をレンズに近づけて見る場合が多いので，この場合には，$e = 0$ として，

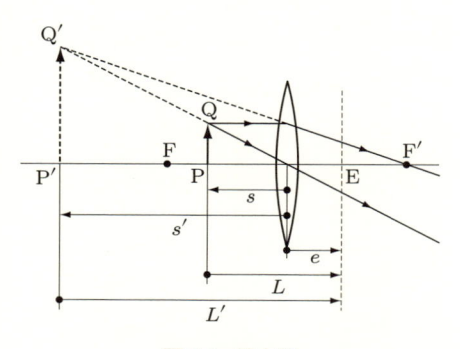

図 4.2 拡大鏡

$$\gamma = L\left(\frac{1}{L'} + P\right) \tag{4.4}$$

となる．通常は物体を明視の距離 $L=0.25$ [m] で観測し，また，緊張を解いた状態で見る場合には，眼の焦点を無限遠にあわせるので，$L' = \infty$ とすると，

$$\gamma = 0.25P \tag{4.5}$$

が倍率となる．レンズの屈折力が10ジオプターの場合には，倍率は2.5倍になる．

4.3 望遠鏡

遠方の物体を拡大して見るための光学器械が，望遠鏡である．望遠鏡には，レンズを使う屈折望遠鏡と，反射鏡を使う反射望遠鏡がある．

4.3.1 ケプラー式望遠鏡

屈折望遠鏡には，遠方から来る平行光を対物レンズで結像し，これを凸の接眼レンズで拡大するケプラー (Kepler) 式と，凹の接眼レンズを用いるガリレイ (Galilei) 式がある．ケプラー式の望遠鏡の光学系を，図4.3に示す．この望遠鏡では，対物レンズ (objective lens) の後側焦点 F'_o と接眼レンズ (eyepiece lens) の前側焦点 F_e の位置を一致させた光学系をとっている．

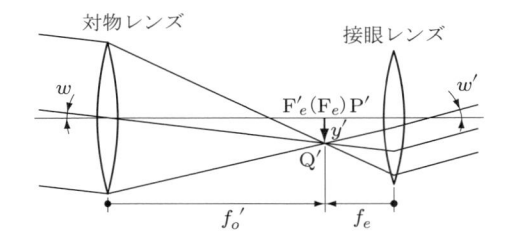

図 4.3 ケプラー式望遠鏡

望遠鏡の倍率は，直接物体を見るときの視角 ω と望遠鏡で見たときの視角 ω' の比で定義される．すなわち，対物レンズの像の大きさを y'，対物レンズの焦点距離を f'_o，接眼レンズの焦点距離を f'_e とすると，

$$\gamma = \frac{\tan\omega'}{\tan\omega} = \frac{-y'/(-f_e)}{-y'/f'_o} = -\frac{f'_o}{f_e} \tag{4.6}$$

である．倍率は，対物レンズと接眼レンズの焦点距離の比で決まり，符号がマイナスであるので，倒立像が見える．

4.3.2 反射望遠鏡

色消しレンズが発明される前には，対物レンズの焦点距離を長くして屈折望遠鏡の色収差を低減する方法がとられていた．

一方，ニュートンは反射鏡を利用すると，この色収差の問題が回避できることに気がついた．これが，図 4.4 に示す構成のニュートン式反射望遠鏡である．主反射鏡で反射された光を平面反射鏡で側方に曲げて像を反射させる．主反射鏡の形状は回転放物面で，球面収差が完全に除去されている．しかし，軸外の結像では，コマ収差が急激に増加するので視野は非常に狭い．明るい像を得るためには，望遠鏡の口径を大きくしなければならない．大口径のレンズを作るためには，大容積の均一なガラス材料が必要で，しかも重量も大きくなるので，口径 1 [m] のレンズが最大であるといわれている．したがって，大口径の望遠鏡は，ほとんど反射式である．

平面反射鏡に代わり凸の回転双曲面鏡 (これを副鏡という) を利用し，主反射鏡の中央に孔を開けて像を見る方式が，カセグレン式反射望遠鏡である (図 4.5)．

ハワイ島のマウナケア山頂に設置されているすばる望遠鏡も，主鏡に孔がある反射望遠鏡である．主鏡の直径は 8.2 [m] で，その形状は回転双曲面である．副鏡は，非球面でいろいろな収差が除去され，広い視野を確保している．この方式をリッチー–クレチアン式という．

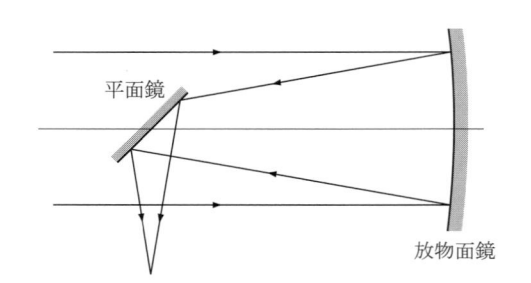

図 4.4 ニュートン式反射望遠鏡

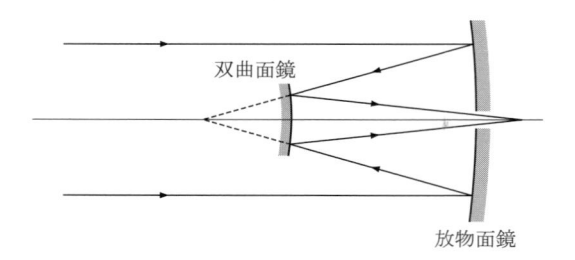

図 4.5 カセグレン式反射望遠鏡

4.4 顕微鏡

きわめて小さい物体を拡大して見る光学器械が，顕微鏡である．顕微鏡対物レンズによってできた拡大倒立実像を，接眼レンズでさらに拡大する．顕微鏡の光学系を図4.6に示す．物体PQを対物レンズの少し前面に置き，物体の拡大倒立実像P′Q′をまず作る．接眼レンズの前側焦点F_eよりも内側にこの実像が来るように接眼レンズを配置し，接眼レンズで拡大虚像を見る構成である．

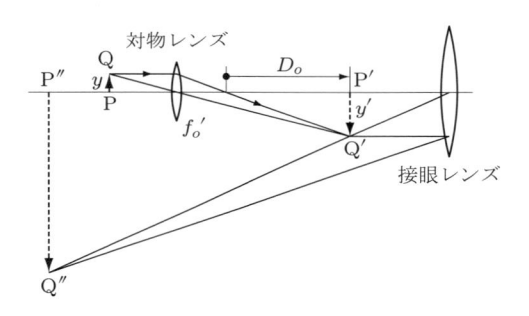

図 4.6 顕微鏡

まず，対物レンズの横倍率β_oを考えてみよう．式 (2.67) より，

$$\beta_o = -\frac{D_o}{f'_o} \tag{4.7}$$

である．ただし，f'_o は対物レンズの焦点距離で，D_o は対物レンズの後側焦点から実像までの距離である．この D_o は顕微鏡の光学筒長とよばれている．接眼レンズの倍率 β_e は，拡大鏡の倍率を用いると，式 (4.5) より，

$$\beta_e = \frac{250}{f'_e} \tag{4.8}$$

となる．ただし，f'_e は接眼レンズの焦点距離 (焦点距離の単位を [mm] とする) である．したがって，顕微鏡の倍率は，

$$\beta = \beta_o \times \beta_e = -\frac{250 \cdot D_o}{f'_o \cdot f'_e} \tag{4.9}$$

である．

4.4.1 顕微鏡対物レンズと NA

顕微鏡の倍率を上げるためには，焦点距離の短い対物レンズが必要である．顕微鏡対物レンズは，視野は広くなくてもよいが，球面収差やコマ収差，さらに色収差も補

正する必要がある．典型的なレンズ構成例を，図 4.7 に示す．物体にもっとも近いレンズは平凸レンズで，物体に近づいて，物体を見込む角を大きくとれるようにしている．通常は，10 倍から 100 倍の対物レンズが用いられている．顕微鏡の倍率を高くし

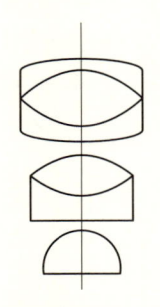

図 4.7 顕微鏡対物レンズの構成例

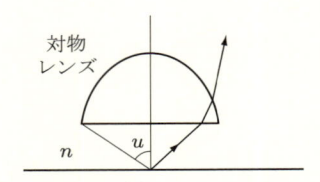

図 4.8 顕微鏡対物レンズと NA

ても，解像力が増すわけではない．解像力は，7.6 節で述べるように，使用波長 λ，レンズの口径 D とレンズの焦点距離 f で決まる．図 4.8 で，物体を見込む半角を u とし，対物レンズと物体の間の媒質を n をすると，分解できる限界の大きさは

$$\Delta y = 0.61 \frac{\lambda}{n \sin u} \tag{4.10}$$

で与えられる．この逆数を解像力という．このとき，

$$NA = n \sin u \tag{4.11}$$

として，開口数 NA (Numerical Aperture) を定義する．NA は解像限界を決める指標である．

　レンズと物体の間が空気であることが多いので，通常は，NA は 1 を超えることはできず，0.95 程度が限界である．NA をこれより大きくするためには，高い屈折率の液体でレンズと物体の間を満たせばよいことがわかる．これを，液浸もしくは油浸という．この目的で使用するレンズを，液浸系対物レンズという．

例題 4.1 使用波長が $\lambda = 560$ [nm] の光を使って，$NA = 1.4$ の液浸系対物レンズで観測するとき，その分解能を求めよ．

解答 式 (4.10) より，

$$\Delta y = 0.61 \cdot \frac{560}{1.4} = 244$$

となる．すなわち，244 [nm] 離れている物体は見わけがつく．

生物試料を観測する場合には，薄いカバーガラス板 (厚さ 0.17 [mm]) を通して観測するので，生物用対物レンズは，このカバーガラスの影響を考慮して収差補正がされている．

◆ 演習問題 ◆

[4.1] 遠点が 4 [m] の近視の人が，無限遠の物体が見えるようにするためにはどのような眼鏡が必要か．

[4.2] 近点が 2 [m] の遠視の人が，250 [mm] の距離にある本を読むためにはどのような眼鏡が必要か．

[4.3] 焦点距離が 100 [mm] のルーペを眼から 20 [mm] のところに置き，物体を明視の距離で見るためには，物体を眼からどの距離におけばよいか．

[4.4] 凸レンズと凹レンズを組み合わせて作るガリレイ式望遠鏡では，どのように光線が進み，拡大像がどのようにできるか述べよ．

[4.5] 生物試料を観測するために，カバーガラスが使用される．カバーガラスにより球面収差が発生することを説明せよ．

第5章 波としての光

　光の本質について，粒子か波動かの長い論争に決着がついたのは，20世紀に入ってからのことである．今日では，光は電磁波の一種であり，横波であることが広く知られている．光を波動として扱う光学の分野を，波動光学という．ここでは，様々な光学現象について考えるうえで基礎となる波動の記述法と，光波の基本的な特性について述べる．

5.1 光波の表し方

　水辺に浮かぶ水草を見ていると，ゆっくりと上下に揺れてこの揺れが水面を伝わっていくように見える．この水面を伝わっていく波を記述するには，上下の"揺れ"を時間と空間の関数として表わせばよい．ここでは，"揺れ"を一般化して変位とよぼう．光の場合には，この変位は電界または磁界の変位である．

5.1.1　波動方程式

　もっとも簡単な波の場合を考えよう．光波が時間 t の経過とともに，z 方向に一定速度 v で進むとする．光波が進んでいる間に変位の形を変えず，ただその位置のみが移動するので，光波の変位 $u(z,t)$ は，

$$u(z,t) = u(z - vt) \tag{5.1}$$

の形で表されることがわかる．なぜなら，z_0 にあった光波が時間が Δt 経過した後では，その位置が $v\Delta t$ だけずれた，$z_0 + v\Delta t$ の位置に存在しなくてはならないからである．ここで，

図 5.1　波に揺れる霞ヶ浦のアサザ (水草)

5.1 光波の表し方　61

$$\tau = z - vt \tag{5.2}$$

とおいて,

$$\frac{\partial u}{\partial z} = \frac{\partial u}{\partial \tau} \cdot \frac{\partial \tau}{\partial z} = \frac{\partial u}{\partial \tau} \tag{5.3}$$

$$\frac{\partial u}{\partial t} = \frac{\partial u}{\partial \tau} \cdot \frac{\partial \tau}{\partial t} = -v\frac{\partial u}{\partial \tau} \tag{5.4}$$

である. したがって,

$$\frac{\partial u}{\partial z} = -\frac{1}{v}\frac{\partial u}{\partial t} \tag{5.5}$$

となる. これをもう一度偏微分すると,

$$\frac{\partial^2 u}{\partial z^2} = \frac{1}{v^2}\frac{\partial^2 u}{\partial t^2} \tag{5.6}$$

を得る. この方程式は, z 方向と $-z$ 方向に速度 v で進む波, あるいは両者の和

$$u(z,t) = f(z-vt) + g(z+vt) \tag{5.7}$$

を解としてもち, 波動方程式とよばれている.

3 次元空間を伝播する波動の方程式は

$$\frac{\partial^2 u}{\partial x^2} + \frac{\partial^2 u}{\partial y^2} + \frac{\partial^2 u}{\partial z^2} = \frac{1}{v^2}\frac{\partial^2 u}{\partial t^2} \tag{5.8}$$

で与えられる.

5.1.2 正弦波

波動の形として正弦関数がよく使われる. すなわち,

$$u(z,t) = A\cos\left\{\frac{2\pi}{\lambda}(z-vt) + \phi\right\} \tag{5.9}$$

である. ここで, A は光波の振幅, λ は波長, $2\pi(z-vt)/\lambda + \phi$ は位相であり, ϕ は初期位相である. 光波の周波数 (振動数ともいう) を ν とすると,

$$v = \lambda\nu \tag{5.10}$$

の関係がある. また, 角周波数は, 次式のようになる.

$$\omega = 2\pi\nu \tag{5.11}$$

さらに, 波数を

$$k = \frac{2\pi}{\lambda} \tag{5.12}$$

で定義すると，正弦波は

$$u(z,t) = A\cos(kz - \omega t + \phi) \tag{5.13}$$

と表すこともできる．振動の周期 T は周波数の逆数で，

$$T = \frac{1}{\nu} \tag{5.14}$$

である．時間と空間変化に対する正弦波の振幅変化を，図 5.2 に示す．真空中の光速度は c で物理定数である．媒質中を伝播する光波の速度は v であり，両者の比が屈折率 n である．

$$n = \frac{c}{v} \tag{5.15}$$

周波数 ν は真空中でも媒質中でも変わらないので，

$$\lambda_0 = n\lambda \tag{5.16}$$

となる．ただし，λ_0 は真空中の波長である．

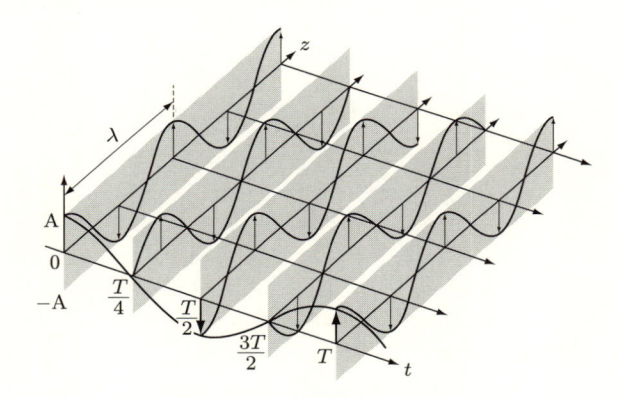

図 5.2 正弦波の伝播

例題 5.1 (1) 真空中の光速度は $c = 2.99792458 \times 10^8$ [m] である．真空中における波長が $\lambda_0 = 600$ [nm] であるとき，その光の振動数を求めよ．また，振動数が $\nu = 10^{15}$ [Hz] であるときの波長はいくらになるか．

(2) 真空中で光が 1 [m]，1 [mm]，1 [μm] 進むのに要する時間はいくらか．また，1 [μs] $= 10^{-6}$ [s]，1 [ns] $= 10^{-9}$ [s]，1 [ps] $= 10^{-12}$ [s] の時間に光が進む距離を求めよ．

解答 (1) 次式のようになる．

$$\nu = \frac{c}{\lambda_0} = \frac{2.99792458 \times 10^8}{600 \times 10^{-9}} = 5.00 \times 10^{14} \text{ [Hz]}$$

$$\lambda_0 = \frac{c}{\nu} = \frac{2.99792458 \times 10^8}{10^{15}} = 300 \times 10^{-9} = 300 \ [\text{nm}]$$

(2) 光が 1 [m] 進むのに要する時間は，次のようになる．

$$t = 1/c = 3.33 \times 10^{-9} = 3.33 \ [\text{ns}]$$

同様に，1 [mm]，1 [μm] 進むに要する時間は，3.33 [ps]，3.33 [fs] である．また，1 [μs]，1 [ns]，1 [ps] の時間に光が進む距離は，それぞれ，300 [m]，300 [mm]，300 [μm] である．

5.1.3　平面波と球面波

波動が空間を伝播するとき，その波動の位相が等しい面を，波面という．波面が平面の状態で伝播するものを平面波という．また，波面が球面状に伝わっていくものを球面波という．波動の進行方向は，波面に垂直方向である．

x 方向に進む，波長 λ の平面波は，$u(x,t) = A\cos(kx - \omega t)$ である．図 5.3 のように，xy 平面において，x 軸から θ 方向に伝播している平面波は，座標変換 $x \to x\cos\theta + y\sin\theta$ として，

$$u(x,y,t) = A\cos\{k(x\cos\theta + y\sin\theta) - \omega t\} = A\cos(k_x x + k_y y - \omega t) \tag{5.17}$$

となる．ただし，$k_x = k\cos\theta$，$k_y = k\sin\theta$ である．3 次元空間 (x,y,z) を伝播する平面波は

$$u(x,y,z,t) = A\cos(k_x x + k_y y + k_z z - \omega t) = A\cos(\boldsymbol{k} \cdot \boldsymbol{r} - \omega t) \tag{5.18}$$

と書けることがわかる．ただし，$\boldsymbol{r} = (x,y,z)$ は位置ベクトル，

$$\boldsymbol{k} = (k_x, k_y, k_z) \tag{5.19}$$

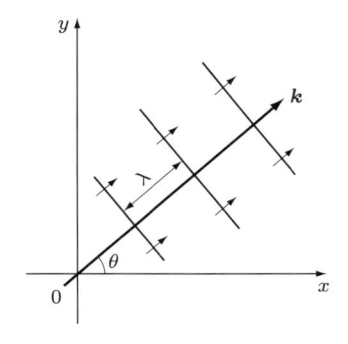

図 5.3　平面波の伝播

は波数ベクトルとよばれるベクトルで，波の進行方向を向いている．また，

$$|\boldsymbol{k}| = k = \sqrt{k_x^2 + k_y^2 + k_z^2} = \frac{2\pi}{\lambda} \tag{5.20}$$

の関係がある．

z 方向からわずかな角 θ 傾いて進む平面波は，式 (5.17) もしくは，図 5.4 から，

$$\begin{aligned} u(z, x, t) &= A\cos\{k(z\cos\theta + x\sin\theta) - \omega t\} \\ &= A\cos\{k(z + x\sin\theta) - \omega t\} \end{aligned} \tag{5.21}$$

と書けることがわかる．図 5.4 において，平面波の波面 AA′ は，z 軸に立てた垂線 (x 軸とする) に対して，$x\sin\theta$ だけ位相が遅れていることを，この式は意味している．

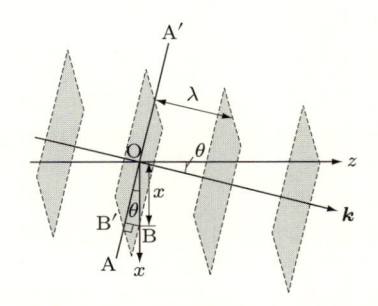

図 5.4 z 方向からわずかな角 θ 傾いて進む平面波

例題 5.2 平面波の波面が方程式 $2x + 2y + z + c = 0$ を満足している (ただし，c は定数). このとき，この平面波の波数ベクトルを求めよ．

解答 図 5.5 に示すように，平面に原点から垂線を下ろし，その足を N とする．ON を表すベクトルを $\boldsymbol{r}_0 = (x_0, y_0, z_0)$，このベクトルの方向を表す単位ベクトルを $\boldsymbol{n} = (n_x, n_y, n_z)$ とする．この平面上の任意の点 P の位置ベクトルを $\boldsymbol{r} = (x, y, z)$ とすると，平面のベクトル表示は，$\boldsymbol{n} \cdot (\boldsymbol{r} - \boldsymbol{r}_0) = 0$ であるので，

$$n_x x + n_y y + n_z z - (n_x x_0 + n_y y_0 + n_z z_0) = 0$$

より，定数 α を用いて，

$$n_x = 2\alpha, \qquad n_y = 2\alpha, \qquad n_z = \alpha$$

となる．$\boldsymbol{n}$ は単位ベクトルなので，その大きさ $\sqrt{n_x^2 + n_y^2 + n_z^2}\,\alpha = \sqrt{4+4+1}\,\alpha = 1$ より，$\alpha = 1/3$ となる．よって，$\boldsymbol{n} = (2/3, 2/3, 1/3)$ が法線ベクトルであるから，波数ベクトルは，

$$\boldsymbol{k} = \frac{2\pi}{\lambda}\left(\frac{2}{3}, \frac{2}{3}, \frac{1}{3}\right)$$

である．

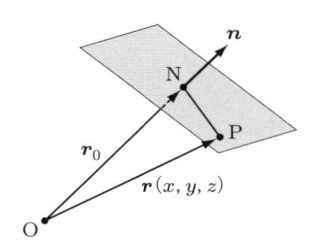

図 5.5 平面とその垂線ベクトル

一方，球面波は，
$$u(r,t) = A\frac{\cos(kr - \omega t)}{r} \tag{5.22}$$

と表される．もちろん，平面波 (5.18) も球面波 (5.22) も波動方程式の解である．

例題 5.3 波動方程式 (5.8) を極座標系で表すと，
$$\frac{\partial^2(ru)}{\partial r^2} = \frac{1}{v^2}\frac{\partial^2(ru)}{\partial t^2} \tag{5.23}$$
になる．このことを利用して，球面波 (5.22) が波動方程式を満足することを示せ．

解答 まず，式 (5.23) の左辺に式 (5.22) を代入する．
$$\frac{\partial^2(ru)}{\partial r^2} = \frac{\partial^2\{A\cos(kr - \omega t)\}}{\partial r^2} = Ak^2\cos(kr - \omega t)$$

同様に，右辺にも代入して，
$$\frac{1}{v^2}\frac{\partial^2(ru)}{\partial t^2} = \frac{1}{v^2}\frac{\partial^2\{A\cos(kr - \omega t)\}}{\partial t^2} = \frac{1}{v^2} \cdot A\omega^2\cos(kr - \omega t)$$
$$= A\frac{(2\pi)^2\nu^2}{v^2}\cos(kr - \omega t) = Ak^2\cos(kr - \omega t)$$

が得られ，両者は一致する．

5.1.4 波動の位相

3 次元空間を伝播している平面波は，式 (5.18) のように書くことができた．このときの位相項 $\boldsymbol{k}\cdot\boldsymbol{r} - \omega t$ がある一定の値である場所を描くと，これは 3 次元空間内で平面の状態で移動する．この位相一定の面を波面とよぶ．球面波の波面は球面である．

いま，z 方向に伝播する平面波を考えよう (図 5.6(a))．この波動は xy 面に平行な波面をもつ．図 5.6(b) のように，波面が xy 面に対して z 方向に $w(x,y)$ だけ歪んでいた場合には，波動は，次のように表すことができる．

$$u(x,y,z,t) = A\cos(kz - \omega t)$$
$$= A\cos[k\{z + w(x,y)\} - \omega t] = A\cos\{kz - \omega t + \phi(x,y)\} \quad (5.24)$$

ただし，

$$\phi(x,y) = kw(x,y) \quad (5.25)$$

である．このように，位相の情報は波面の形状の情報を担っていると解釈することもできる．

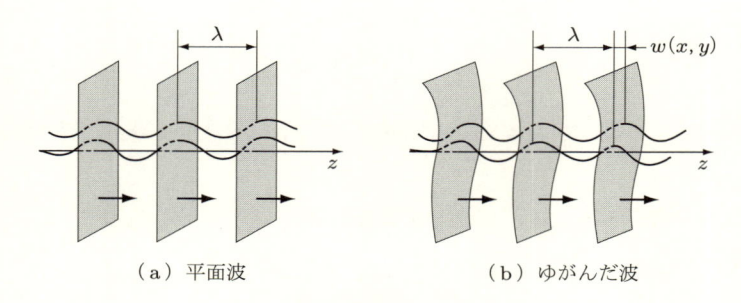

（a）平面波　　　（b）ゆがんだ波

図 5.6 波面と位相

5.1.5 波動の複素表示

正弦波の振幅は実数であるので，式 (5.9) のように書かれてきた．しかし今後，いくつかの波の重ね合わせを考えたり，微分演算をしたりするうえで，$\exp(i\theta) = \cos\theta + i\sin\theta$ の関係を用いて，

$$u(\boldsymbol{r},t) = \mathrm{Re}[A\exp i(\boldsymbol{k}\cdot\boldsymbol{r} - \omega t + \phi)] \quad (5.26)$$

と表すと便利である．ただし，i は虚数単位，Re[ ] は [ ] の実部を表す．Re[ ] をいつも付けるのは煩雑であるので，単に，

$$u(\boldsymbol{r},t) = A\exp\{i(\boldsymbol{k}\cdot\boldsymbol{r} - \omega t + \phi)\} \quad (5.27)$$

と書き，これを複素振幅とよぶ．実部が必要なときには，式 (5.26) を使うことにすればよい．

5.2 横波としての光波,偏光,ベクトル波とスカラー波

これまでは,光波の変位もしくは振動の方向については考慮してこなかった.光の電磁波説によれば,光は電界と磁界の振動であり,図5.7に示すように,電界と磁界は同じ位相で進行方向と直角方向に振動している.すなわち,光波は横波であることが知られている.

進行方向を z 方向とすると,電界が振動できる方向は,z 方向に垂直な x 方向と y 方向になる.光波の振動方向には,このように二つの自由度がある.光波の振動方向が規則的な状態にあるとき,この光は偏光しているという.偏光の状態は時間とともに変化していても,一定の規則に従っていれば偏光である.しかし,白熱ランプから出る光にはこの規則性がなく,無偏光あるいは自然光であるという.偏光の取り扱いは,第8章で述べる.

光波は,ベクトルである電界と磁界の振動として伝播するので,ベクトル波である.しかし,電界または磁界の振動の方向を考えないで単に波動の振幅を $u(\boldsymbol{r}(x,y,z),t)$ とすると,これは波動方程式 (5.8) に従う.これをスカラー波という.これから述べる干渉や回折を考えるうえで,偏光の影響を問題にしない場合には,光波をスカラー波として取り扱うことが多い.

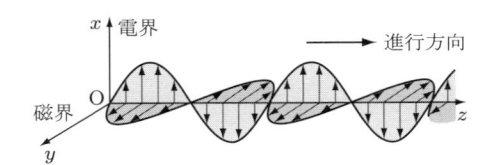

図 5.7 電磁波の伝搬.電界と磁界は直交し同位相で振動する横波である

5.3 波のエネルギー

光の振幅の2乗の時間平均は,そのエネルギーに比例するが,これは,

$$\langle u^2 \rangle = \lim_{T \to \infty} \frac{1}{T} \int_0^T A^2 \cos^2(\boldsymbol{k} \cdot \boldsymbol{r} - \omega t + \phi) \, dt = \frac{A^2}{2} \tag{5.28}$$

と表され,複素振幅を用いれば,

$$\langle u^2 \rangle = \frac{1}{2} u u^* = \frac{|u|^2}{2} \tag{5.29}$$

と表すことができる.ただし,u^* は u の複素共役を表す.

像の強度分布などを考える場合には,エネルギーの相対的な分布や変化を考えれば

よいので，複素振幅の強度は，単に，

$$I = |u|^2 \tag{5.30}$$

と表すことが多い．

5.4 波の反射と屈折の法則

　屈折率が光の進行方向によらず一定である媒質を，等方的媒質という．空気や水，あるいはガラスなどは，典型的な等方性媒質である．これに対して，水晶や方解石などの光学結晶は，屈折率が光の進行方向により異なる異方性媒質である．平面を境に異なる屈折率の等方的媒質が接しているときに，平面波の屈折と反射について考えよう．媒質 I と媒質 II の屈折率を，それぞれ n_1 と n_2，波長をそれぞれ λ_1，λ_2 とする．図 5.8 のように，平面波が，入射角 θ_1 で媒質 I から媒質 II へ入射した場合を考える．境界面を xy 平面，境界面に立てた垂線を z 軸とし，入射光線と z 軸が作る面上に x 軸をとる．このとき，xz 面を入射面という．平面波の波数ベクトル $\boldsymbol{k}_1$ と垂線のなす角が入射角 θ_1 である．

　入射波の一部が境界面で反射し，一部が透過して屈折する．入射波，反射波，透過波の振幅は，

$$u_1(\boldsymbol{r},t) = A_1 \exp\{i(\boldsymbol{k}_1 \cdot \boldsymbol{r} - \omega t)\} = A_1 \exp\{i(k_{1x}x + k_{1z}z - \omega t)\} \tag{5.31}$$

$$u_r(\boldsymbol{r},t) = A_r \exp\{i(\boldsymbol{k}_r \cdot \boldsymbol{r} - \omega t)\} = A_r \exp\{i(k_{rx}x + k_{ry}y - k_{rz}z - \omega t)\} \tag{5.32}$$

$$u_2(\boldsymbol{r},t) = A_2 \exp\{i(\boldsymbol{k}_2 \cdot \boldsymbol{r} - \omega t)\} = A_2 \exp\{i(k_{2x}x + k_{2y}y + k_{2z}z - \omega t)\} \tag{5.33}$$

で表すことができる．ただし，$\boldsymbol{k}_r$, $\boldsymbol{k}_2$ は反射波と屈折波の波数ベクトルである．境界面 ($z=0$) において，入射波，反射波，屈折波の位相は等しいので，

$$k_{1x}x = k_{rx}x + k_{ry}y = k_{2x}x + k_{2y}y \tag{5.34}$$

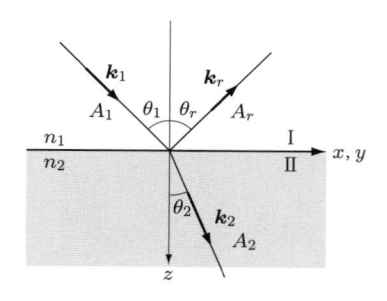

図 5.8 境界面における反射と屈折

となる．この式がすべての x と y について成立するためには，$k_{1x} = k_{rx} = k_{2x}$ および $k_{ry} = k_{2y} = 0$ が必要である．$k_{ry} = k_{2y} = 0$ の条件から，反射光と屈折光は入射面内にあることがわかる．また，条件 $k_{1x} = k_{rx} = k_{2x}$ から，

$$\frac{2\pi}{\lambda_1}\sin\theta_1 = \frac{2\pi}{\lambda_1}\sin\theta_r = \frac{2\pi}{\lambda_2}\sin\theta_2 \tag{5.35}$$

である．したがって，まず，

$$\theta_1 = \theta_r \tag{5.36}$$

が得られ，次に，

$$\frac{\sin\theta_1}{\lambda_1} = \frac{\sin\theta_2}{\lambda_2} \tag{5.37}$$

が得られ，

$$\frac{\lambda_2}{\lambda_1} = \frac{n_1}{n_2} \tag{5.38}$$

の関係を用いると

$$n_1\sin\theta_1 = n_2\sin\theta_2 \tag{5.39}$$

となる．式 (5.36) は反射の法則，式 (5.39) は屈折の法則である．

◆ 5.5　垂直入射光の振幅反射率と振幅透過率

スネルの法則は，反射光と屈折光の方向を与える法則で，反射光や屈折光の振幅については，別の取り扱いが必要である．ここでは，もっとも簡単な場合，すなわち，垂直入射の場合を考えよう．もちろん，反射光も屈折光も境界面に垂直に伝搬する．いま，境界面が xy 平面であり，光が z 方向に入射するものとする．入射光，反射光，屈折光はそれぞれ，

$$u_1(z,t) = A_1 \exp\{i(k_{1z}z - \omega t)\} \tag{5.40}$$

$$u_r(z,t) = A_r \exp\{i(-k_{rz}z - \omega t)\} \tag{5.41}$$

$$u_2(z,t) = A_2 \exp\{i(k_{2z}z - \omega t)\} \tag{5.42}$$

と表すことができる．

ここで，境界面の前後で光波の振幅は連続で，かつ，その傾きも連続であるとする．すなわち，

$$u_1(0,t) + u_r(0,t) = u_2(0,t) \tag{5.43}$$

$$\left.\frac{d\{u_1(z,t) + u_r(z,t)\}}{dz}\right|_{z=0} = \left.\frac{du_2(z,t)}{dz}\right|_{z=0} \tag{5.44}$$

とする．したがって，

$$A_1 + A_r = A_2 \tag{5.45}$$

$$k_{1z}A_1 - k_{rz}A_r = k_{2z}A_2 \tag{5.46}$$

である．また，$k_{1z} = 2\pi n_1/\lambda_0$, $k_{rz} = 2\pi n_1/\lambda_0$, $k_{2z} = 2\pi n_2/\lambda_0$ であることを考慮すると，式 (5.46) は，次のようになる．

$$n_1 A_1 - n_1 A_r = n_2 A_2 \tag{5.47}$$

ここで，式 (5.45) と式 (5.47) を用いると，振幅に対する反射率と透過率はそれぞれ，

$$r = \frac{A_r}{A_1} = \frac{n_1 - n_2}{n_1 + n_2} \tag{5.48}$$

$$t = \frac{A_2}{A_1} = \frac{2n_1}{n_1 + n_2} \tag{5.49}$$

で与えられる．

ここで，$n_1 < n_2$ のとき，$r < 0$ となり，反射光の位相が π 跳ぶことがわかる．

5.6 ストークスの関係式

振幅反射率と振幅透過率の関係を求めておこう．図 5.9 のように，振幅 a の光が，媒質 I と媒質 II の境界面で反射・屈折したとしよう．このときの振幅反射率を r, 振幅透過率を t とする．反射光の振幅は ar, 透過光の振幅は at である．次に，透過した光の道筋を逆にたどれば，光は境界面で，初めに入射したときと同じ道筋を逆進するはずである．これを光の逆進の原理という．媒質 II から媒質 I へ逆進する光に対する振幅反射率を r', 振幅透過率を t' とする．媒質 II から媒質 I へ逆進して透過した光の振幅は att', 反射した光の振幅は atr' である．また，媒質 I で反射した光に対しても逆進する光を考え，境界面で反射した光の振幅は arr, 透過した光の振幅は art である．結局，もとの入射方向に向かう光の振幅は $att' + arr$, 媒質 II 内で反射する方

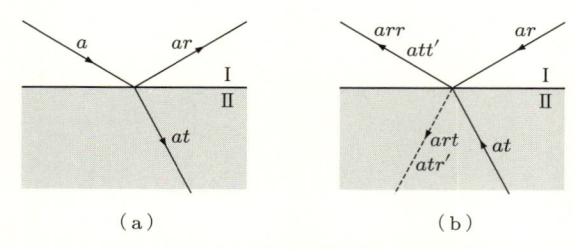

（a）　　　　　　　（b）

図 5.9 光逆進の原理とストークスの関係式

向に向かう光の振幅は $atr' + art$ となる．もとの入射方向に逆進する光の振幅は，入射光の振幅に等しいので，

$$ar^2 + att' = a \tag{5.50}$$

である．媒質 II 内で反射する光はもともとないので，

$$atr' + art = 0 \tag{5.51}$$

である．したがって，

$$r^2 + tt' = 1 \tag{5.52}$$

$$r = -r' \tag{5.53}$$

が得られる．これらをストークス (Stokes) の関係式という．光が媒質 I から媒質 II に進むときの振幅反射率と，これを逆に進む場合の反射率は，その絶対値は等しいが，符号は逆になる (位相が π 跳ぶ) ことを示している．このストークスの関係式からだけでは，屈折率が小さい媒質から大きい媒質に進む場合に，振幅反射率の符号が変わることはわからない．

5.7 反射と透過に関するフレネルの公式

さて，境界面に対して斜めに入射した場合には，反射率と透過率自体はどのようになるのであろうか．厳密な解析をするためには，境界における電界と磁界の状態を考慮しなければならない．結論を述べると，入射光の偏光によって反射率と透過率が異なる．電界が入射面に垂直に振動する状態 (s 偏光という) と，水平に振動する状態 (p 偏光) とでは，反射と屈折に関する係数が異なる．いま，スネルの法則を解析した場合と同じように，媒質 I と媒質 II の屈折率を，それぞれ n_1, n_2 とし，入射角，反射角，屈折角を，それぞれ θ_1, θ_r, θ_2 とする．入射光が s 偏光，p 偏光それぞれの場合について，振幅透過係数と振幅反射係数を求めてみよう．

s 偏光

振幅透過係数は，

$$t_s = \frac{2n_1 \cos\theta_1}{n_1 \cos\theta_1 + n_2 \cos\theta_2} \tag{5.54}$$

であり，振幅反射係数は，

$$r_s = \frac{n_1 \cos\theta_1 - n_2 \cos\theta_2}{n_1 \cos\theta_1 + n_2 \cos\theta_2} \tag{5.55}$$

である．また，スネルの屈折の式 (5.39) を使うと，

$$t_s = \frac{2\sin\theta_2 \cos\theta_1}{\sin(\theta_1 + \theta_2)} \tag{5.56}$$

$$r_s = -\frac{\sin(\theta_1 - \theta_2)}{\sin(\theta_1 + \theta_2)} \tag{5.57}$$

が得られる．

p 偏光

振幅透過係数は,

$$t_p = \frac{2n_1 \cos\theta_1}{n_2 \cos\theta_1 + n_1 \cos\theta_2} \tag{5.58}$$

であり，振幅反射係数は，

$$r_p = \frac{n_2 \cos\theta_1 - n_1 \cos\theta_2}{n_2 \cos\theta_1 + n_1 \cos\theta_2} \tag{5.59}$$

である．同じく，スネルの法則を使うと，

$$t_p = \frac{2\sin\theta_2 \cos\theta_1}{\sin(\theta_1 + \theta_2)\cos(\theta_1 - \theta_2)} \tag{5.60}$$

$$r_p = \frac{\tan(\theta_1 - \theta_2)}{\tan(\theta_1 + \theta_2)} \tag{5.61}$$

が得られる．

式 (5.54)〜(5.61) をフレネルの公式といい，振幅に対する反射率と透過率を与える．

例題 5.4 式 (5.55) から，スネルの法則を用いて，式 (5.57) を導け．

解答 式 (5.39) から,

$$n_1 = n_2 \sin\theta_2 / \sin\theta_1$$

である．これを式 (5.55) に代入する．

$$\begin{aligned}
r_s &= \frac{n_1 \cos\theta_1 - n_2 \cos\theta_2}{n_1 \cos\theta_1 + n_2 \cos\theta_2} = \frac{n_2(\sin\theta_2/\sin\theta_1)\cos\theta_1 - n_2 \cos\theta_2}{n_2(\sin\theta_2/\sin\theta_1)\cos\theta_1 + n_2 \cos\theta_2} \\
&= \frac{\sin\theta_2 \cos\theta_1 - \cos\theta_2 \sin\theta_1}{\sin\theta_2 \cos\theta_1 + \cos\theta_2 \sin\theta_1} = \frac{\sin(\theta_2 - \theta_1)}{\sin(\theta_2 + \theta_1)} \\
&= -\frac{\sin(\theta_1 - \theta_2)}{\sin(\theta_1 + \theta_2)}
\end{aligned}$$

例題 5.5 フレネルの公式から，ストークスの関係式 (5.52), (5.53) を導け．

解答 まず，s 偏光から考える．媒質 I から媒質 II へ光が入射する場合には，

$$t = \frac{2n_1 \cos\theta_1}{n_1 \cos\theta_1 + n_2 \cos\theta_2}, \qquad r = \frac{n_1 \cos\theta_1 - n_2 \cos\theta_2}{n_1 \cos\theta_1 + n_2 \cos\theta_2}$$

である．同様に，媒質 II から光が入射する場合には，数式の添え字 1 と 2 を入れ替えて，

$$t' = \frac{2n_2 \cos\theta_2}{n_2 \cos\theta_2 + n_1 \cos\theta_1}, \qquad r' = \frac{n_2 \cos\theta_2 - n_1 \cos\theta_1}{n_2 \cos\theta_2 + n_1 \cos\theta_1}$$

である．これから，式 (5.53) が成立するのは明らかである．式 (5.52) については，

$$r^2 + tt' = \frac{(n_1 \cos\theta_1 - n_2 \cos\theta_2)^2}{(n_1 \cos\theta_1 + n_2 \cos\theta_2)^2} + \frac{2n_1 \cos\theta_1}{n_1 \cos\theta_1 + n_2 \cos\theta_2} \cdot \frac{2n_2 \cos\theta_2}{n_2 \cos\theta_2 + n_1 \cos\theta_1}$$

$$= \frac{(n_1 \cos\theta_1 + n_2 \cos\theta_2)^2}{(n_1 \cos\theta_1 + n_2 \cos\theta_2)^2} = 1$$

となる．p 偏光についても同様に導くことができる．

5.7.1 ブリュスター角

ここで，p 偏光の場合の式 (5.61) の分母は，

$$\theta_1 + \theta_2 = \frac{\pi}{2} \tag{5.62}$$

のとき ∞ となり，p 偏光成分の振幅反射率は 0 になる．このとき，スネルの屈折の式 (5.39) を用いて，

$$n_1 \sin\theta_1 = n_2 \sin\theta_2 = n_2 \sin\left(\frac{\pi}{2} - \theta_1\right) = n_2 \cos\theta_1 \tag{5.63}$$

である．これから，

$$\tan\theta_1 = \frac{n_2}{n_1} \equiv \tan\theta_B \tag{5.64}$$

となる．角度 θ_B をブリュスター角という．このとき，式 (5.62) より，反射光と透過光の方向は直交する (図 5.10)．

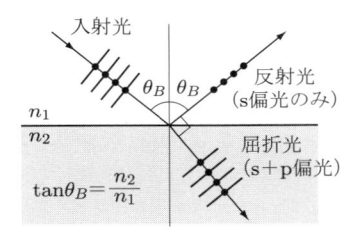

図 5.10 ブリュスター角

例題 5.6 空気から水 (屈折率 1.33) とガラス (屈折率 1.5) に入射する光線に対するブリュスター角はそれぞれいくらか.

解答 求めるブリュスター角をそれぞれ θ_{BW}, θ_{BG} とすると,

$$\tan\theta_{BW} = 1.33, \qquad \tan\theta_{BG} = 1.5$$

より,次のようになる.

$$\theta_{BW} = \tan^{-1} 1.33 = 53.1°, \qquad \theta_{BG} = \tan^{-1} 1.5 = 56.3°$$

水面の反射光を見るとき,例題 5.6 より,約 53°の入射角で光線が水面で反射すると,反射光は完全に偏光することになる.このとき,光の電界の振動方向は入射面に垂直 (s 偏光),言い換えると,振動方向は水面に平行である.この水面の反射光の偏光を利用すると,偏光素子の透過方向を簡単に調べることができる.

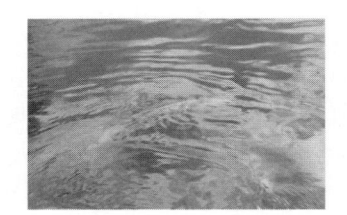

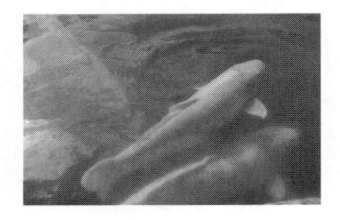

図 5.11 水面からの反射光の偏光

水面からの反射光は偏光している.カメラに偏光フィルターを付け,これを回転しながら水面を撮影する.p 偏光の反射光が少ない状態で,さらに s 偏光を偏光フィルターでカットすると,水面からの反射が少なく,水中の魚がよく見える.

5.8 強度反射率と強度透過率

境界面において,単位面積を単位時間の間に反射・屈折する光のエネルギーの,入射エネルギーに対する比を,それぞれ (強度) 反射率と (強度) 透過率という.光のエネルギーはその振幅の 2 乗に比例することなどを考慮すると,透過率と反射率は,s 偏光に対して[*1],

---

[*1] 境界面垂直な方向に対して,単位時間,単位面積当たりの入射光と反射光のエネルギーの比を強度反射率という.入射光が境界面に対して θ_1 の角度で入射すると,境界面上の面積 S に対応する入射束の面積が $S\cos\theta_1$ である.同様に,反射光束と屈折光束のそれは,$S\cos\theta_1$ と $S\cos\theta_2$ である.入射光と反射光は同じ媒質中にあるので,両者の光速度も光束の面積も等しく,強度反射率は振幅反射率の 2 乗に等しい.しかし,屈折光に対してはこれが異なり,式 (5.65) や式 (5.67) のように,$n_2\cos\theta_2/n_1\cos\theta_1$ の係数が必要となる.

$$T_s = \frac{n_2 \cos\theta_2}{n_1 \cos\theta_1} t_s^2 = \frac{\sin 2\theta_1 \sin 2\theta_2}{\sin^2(\theta_1 + \theta_2)} \tag{5.65}$$

$$R_s = r_s^2 = \frac{\sin^2(\theta_1 - \theta_2)}{\sin^2(\theta_1 + \theta_2)} \tag{5.66}$$

p偏光に対して，

$$T_p = \frac{n_2 \cos\theta_2}{n_1 \cos\theta_1} t_p^2 = \frac{\sin 2\theta_1 \sin 2\theta_2}{\sin^2(\theta_1 + \theta_2)\cos^2(\theta_1 - \theta_2)} \tag{5.67}$$

$$R_p = r_p^2 = \frac{\tan^2(\theta_1 - \theta_2)}{\tan^2(\theta_1 + \theta_2)} \tag{5.68}$$

で与えられる．

ここで，式 (5.65)～(5.68) を用いると，

$$T_s + R_s = 1 \tag{5.69}$$

$$T_p + R_p = 1 \tag{5.70}$$

が得られ，エネルギー保存則が成り立つことがわかる．図 5.12 に，$n_1 = 1.0$, $n_2 = 1.5$ の場合の入射角 θ_1 に対する強度反射率の変化を示す．

また，垂直入射の場合には，

$$T = T_s = T_p = \frac{4n_1 n_2}{(n_1 + n_2)^2} \tag{5.71}$$

$$R = R_s = R_p = \left(\frac{n_1 - n_2}{n_1 + n_2}\right)^2 \tag{5.72}$$

であり，空気とガラスが接しているときには，$n_1 = 1$, $n_2 = 1.5$ とすれば，$R = 0.04$ より，必ず 4%程度の反射があることがわかる．

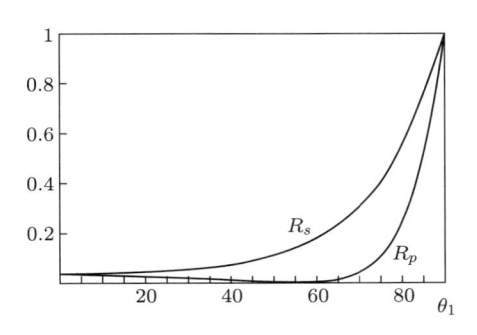

図 5.12 強度反射率の変化 ($n_1 = 1.0$, $n_2 = 1.5$)

5.9 重ね合わせの原理とフーリエ変換

5.9.1 波動の重ね合わせ

光波が空間のあるところで重ね合わされた場合を考えよう．いま，z 方向に進む二つの光波 $u_1(z,t)$, $u_2(z,t)$ があるとする．もちろん，二つの光波は，波動方程式 (5.6) に従う．その場所における変位は，二つの光波の変位の和

$$u(z,t) = c_1 u_1(z,t) + c_2 u_2(z,t) \tag{5.73}$$

で表され，これも波動方程式の解になるので，同様に波動として z 方向に伝搬することがわかる．ここで，おのおのの光波は，重ね合わされた結果，振幅が変わったり，周波数が変わったりせずに伝搬し，他の光波に影響されない．これを波動の独立性という．波動の独立性が成り立つのは，波動方程式 (5.6) が線形な微分方程式であるからである．

互いに逆向きに進む光波を，図 5.13 に示す．重なった部分の光波の変位は，山の部分と山の部分では強め合い，山と谷の部分では弱めあうが，通過した後はもとの形になり進むことになる．

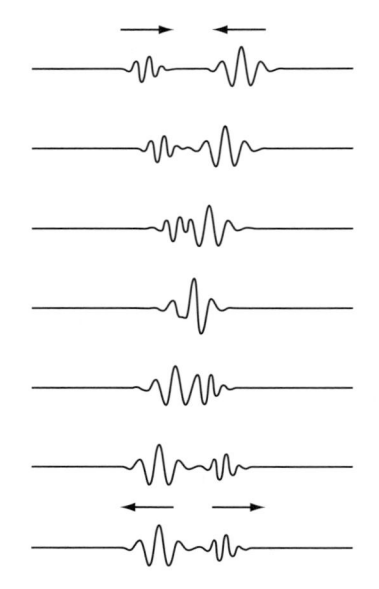

図 5.13 互いに逆向きに進む波動の重ね合わせ

5.9.2 波動の合成と分解

波動方程式は線形方程式であるので，個々の波動の和も波動としての性質をもつ．次式のように表される，周波数が異なるいくつかの正弦波の重ね合わせを考えよう．

$$f(t) = \sum_{n=0}^{N} a_n \cos(2\pi n t) \tag{5.74}$$

これを図示すると，図 5.14 が得られる．図 (a) は関数 $f(t)$，図 (b) は各正弦波成分を示す．同時に，各正弦波の振幅 a_n も図 (c) にプロットした．これを関数 $f(t)$ のスペクトルという．式 (5.74) は，振幅 a_n をもつ正弦波の重ね合わせが関数 $f(t)$ を表すとも考えられるが，関数 $f(t)$ を正弦波に分解し，その寄与が a_n であるとも解釈できる．a_n の分布がスペクトルである．

一般に，周期関数は正弦波の和で表せることが知られている．$f(t)$ は周期 T をもつ周期関数であるとし，角周波数 $\omega_0 = 2\pi/T$ を用いると，

$$\begin{aligned}f(t) &= \frac{1}{2}a_0 + (a_1 \cos \omega_0 t + b_1 \sin \omega_0 t) + (a_2 \cos 2\omega_0 t + b_2 \sin 2\omega_0 t) + \cdots \\ &\quad + (a_n \cos n\omega_0 t + b_n \sin n\omega_0 t) + \cdots \\ &= \frac{1}{2}a_0 + \sum_{n=1}^{\infty}(a_n \cos n\omega_0 t + b_n \sin n\omega_0 t)\end{aligned} \tag{5.75}$$

と書くことができる．これを，周期関数 $f(t)$ のフーリエ級数展開という．

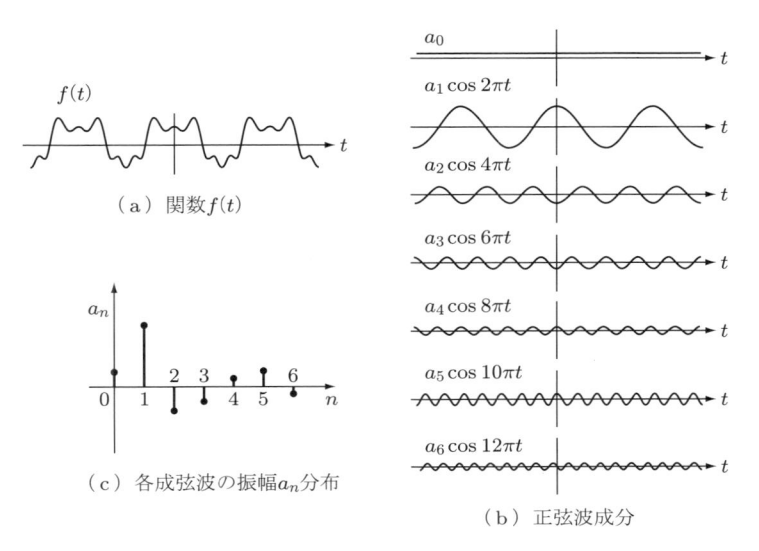

図 5.14 周期関数の正弦波分解

三角関数の直交関係

$$\frac{2}{T}\int_{-T/2}^{T/2} \cos n\omega_0 t \cdot \cos m\omega_0 t \, dt = \begin{cases} 1 & (n=m) \\ 0 & (n \neq m) \end{cases} \tag{5.76}$$

$$\frac{2}{T}\int_{-T/2}^{T/2} \sin n\omega_0 t \cdot \sin m\omega_0 t \, dt = \begin{cases} 1 & (n=m) \\ 0 & (n \neq m) \end{cases} \tag{5.77}$$

$$\frac{2}{T}\int_{-T/2}^{T/2} \cos n\omega_0 t \cdot \sin m\omega_0 t \, dt = 0 \tag{5.78}$$

を使うと，式 (5.75) の係数 a_n と b_n は，

$$a_n = \frac{2}{T}\int_{-T/2}^{T/2} f(t) \cos n\omega_0 t \, dt \qquad (n=0,1,2,\dots) \tag{5.79}$$

$$b_n = \frac{2}{T}\int_{-T/2}^{T/2} f(t) \sin n\omega_0 t \, dt \qquad (n=1,2,3,\dots) \tag{5.80}$$

として，計算することができる．ただし，式 (5.75) の第 1 項は，

$$\frac{a_0}{2} = \frac{1}{T}\int_{-T/2}^{T/2} f(t) \, dt \tag{5.81}$$

であり，関数の 1 周期の平均値を与える．

次のような周期 T の矩形関数 $f(t)$ を考えよう．

$$f(t) = \begin{cases} 0 & \left(-\dfrac{T}{2} \leq t < 0\right) \\ 1 & \left(0 \leq t < \dfrac{T}{2}\right) \end{cases} \tag{5.82}$$

フーリエ係数 a_n と b_n の値は，

$$a_0 = \frac{2}{T}\int_0^{T/2} dt = \frac{2}{T} \cdot \frac{T}{2} = 1 \tag{5.83}$$

$$\begin{aligned} a_n &= \frac{2}{T}\int_{-T/2}^{T/2} f(t) \cos n\omega_0 t \, dt \qquad (n \neq 0) \\ &= \frac{2}{T}\int_0^{T/2} \cos n\omega_0 t \, dt = \frac{2}{T}\left[\frac{\sin n\omega_0 t}{n\omega_0}\right]_0^{T/2} \\ &= \frac{2}{T} \cdot \frac{\sin n\pi - 0}{2n\pi/T} = 0 \end{aligned} \tag{5.84}$$

$$b_n = \frac{2}{T}\int_{-T/2}^{T/2} f(t) \sin n\omega_0 t \, dt$$

$$= \frac{2}{T}\int_0^{T/2} \sin n\omega_0 t\,dt = \frac{2}{T}\left[\frac{-\cos n\omega_0 t}{n\omega_0}\right]_0^{T/2}$$

$$= \frac{2}{T}\cdot\frac{-\cos n\pi + 1}{2n\pi/T} = \frac{1-(-1)^n}{n\pi} \tag{5.85}$$

である．したがって，

$$f(t) = \frac{1}{2}a_0 + \sum_{n=1}^{\infty}(a_n\cos n\omega_0 t + b_n\sin n\omega_0 t)$$

$$= \frac{1}{2} + \frac{2}{\pi}\sin\omega_0 t + \frac{2}{3\pi}\sin 3\omega_0 t + \frac{2}{5\pi}\sin 5\omega_0 t + \cdots \tag{5.86}$$

である．

　一般に，もとの関数 $f(t)$ が奇関数であれば，$a_n = 0$ である．また，偶関数の場合には $b_n = 0$ である．$n = N$ までの級数和 ($N = 3, 5, 7, 9, 101$) を，図 5.15 に示す．項数が増えるに従って，級数和は関数 $f(t)$ に近づいていくことがわかる．

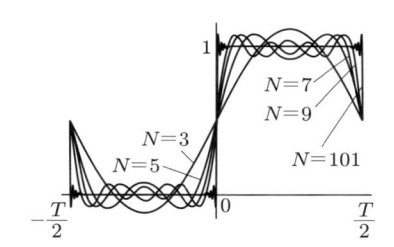

図 5.15　周期関数の級数展開

第 N 項までの級数和．N が大きくなるともとの矩形に近づく．

例題 5.7　次のような周期 T の関数 $f(t)$

$$g(t) = \begin{cases} 1 & \left(|t| \leq \dfrac{T}{4}\right) \\ 0 & \left(|t| > \dfrac{T}{4}\right) \end{cases}$$

のフーリエ係数 a_n と b_n を求めよ．

解答　この関数は偶関数であるので，$b_n = 0$ である．よって，

$$a_0 = \frac{2}{T}\int_{-T/4}^{T/4} dt = \frac{2}{T}\cdot\frac{T}{2} = 1$$

$$a_n = \frac{2}{T} \int_{-T/4}^{T/4} f(t) \cos n\omega_0 t \, dt \qquad (n \neq 0)$$

$$= \frac{2}{T} \int_{-T/4}^{T/4} \cos n\omega_0 t \, dt = \frac{2}{T} \left[\frac{\sin n\omega_0 t}{n\omega_0} \right]_{-T/4}^{T/4}$$

$$= \frac{2}{T} \cdot \frac{\sin(n\pi/2) - \sin(-n\pi/2)}{2n\pi/T} = \frac{2\sin(n\pi/2)}{n\pi}$$

$$a_{2m+1} = \frac{2(-1)^m}{(2m+1)\pi} \qquad (m = 0, 1, 2, \dots)$$

$$a_{2m} = 0 \qquad (m \neq 0)$$

となる．したがって，

$$g(t) = \frac{1}{2} + \frac{2}{\pi} \cos \omega_0 t - \frac{2}{3\pi} \cos 3\omega_0 t + \frac{2}{5\pi} \cos 5\omega_0 t - \cdots$$

となる．また，この関数は，式 (5.82) の関数を $t/4$ 移動したものであるから，

$$g(t) = f\left(t + \frac{T}{4}\right) = \frac{1}{2} + \frac{2}{\pi} \sin \omega_0 \left(t + \frac{T}{4}\right) + \frac{2}{3\pi} \sin 3\omega_0 \left(t + \frac{T}{4}\right)$$
$$+ \frac{2}{5\pi} \sin 5\omega_0 \left(t + \frac{T}{4}\right) + \cdots$$
$$= \frac{1}{2} + \frac{2}{\pi} \sin\left(\omega_0 t + \frac{\pi}{2}\right) + \frac{2}{3\pi} \sin\left(3\omega_0 t + \frac{3\pi}{2}\right) + \frac{2}{5\pi} \sin\left(5\omega_0 t + \frac{5\pi}{2}\right) + \cdots$$
$$= \frac{1}{2} + \frac{2}{\pi} \cos \omega_0 t - \frac{2}{3\pi} \cos 3\omega_0 t + \frac{2}{5\pi} \cos 5\omega_0 t - \cdots$$

としてもよい．

式 (5.75) を複素関数で表すと，

$$f(t) = \sum_{n=-\infty}^{\infty} c_n \exp(in\omega_0 t) \tag{5.87}$$

が得られ，その係数は，

$$c_n = \frac{1}{T} \int_{-T/2}^{T/2} f(t) \exp(-in\omega_0 t) \, dt \qquad (n = 0, \pm 1, \pm 2, \cdots) \tag{5.88}$$

である．ここで，

$$c_0 = \frac{a_0}{2} \tag{5.89}$$

$$c_n = \frac{a_n - ib_n}{2} \tag{5.90}$$

$$c_{-n} = \frac{a_n + ib_n}{2} = c_n^* \tag{5.91}$$

の関係がある．ただし，c^* は c の複素共役を表す．

また，直交関係

$$\frac{1}{T}\int_{-T/2}^{T/2}\exp(in\omega_0 t)\exp(-im\omega_0 t)\,\mathrm{d}t = \begin{cases} 1 & (n=m) \\ 0 & (n\neq m) \end{cases} \tag{5.92}$$

も成り立つ．

5.9.3 フーリエ変換

周期関数はフーリエ級数で表すことができるが，周期のない関数の場合には，これを拡張して，周期 T が無限の周期関数を想定すればよい．この場合には，級数和が積分の形になる．これがフーリエ変換である．まず，式 (5.87) において，$T\to\infty$ とすることを考えよう．ここで，角周波数 $\omega_n = n\omega_0 = 2\pi n/T$ は，もはやとびとびの値をもつことができず，連続的なすべての値をとる．これを ω と書くことにする．このようにすると，まず，式 (5.87) を，

$$f(t) = \sum_{n=-\infty}^{\infty} c_n \exp(i\omega_n t) \tag{5.93}$$

と書き，次に，係数 (5.88) を代入すると，

$$f(t) = \sum_{n=-\infty}^{\infty}\left\{\frac{1}{T}\int_{-T/2}^{T/2} f(\tau)\exp(-i\omega_n \tau)\,\mathrm{d}\tau\right\}\exp(i\omega_n t) \tag{5.94}$$

となる．また，角周波数の増分は

$$\Delta\omega = \omega_{n+1} - \omega_n = \frac{2\pi(n+1)}{T} - \frac{2\pi n}{T} = \frac{2\pi}{T} \tag{5.95}$$

であるので，$1/T = \Delta\omega/(2\pi)$ である．したがって，フーリエ級数である式 (5.94) は，次のようになる．

$$f(t) = \frac{1}{2\pi}\sum_{n=-\infty}^{\infty}\left\{\int_{-T/2}^{T/2} f(\tau)\exp(-i\omega_n \tau)\,\mathrm{d}\tau\right\}\exp(i\omega_n t)\Delta\omega \tag{5.96}$$

ここで，$T\to\infty$ とすると，$\Delta\omega\to 0$ となり，級数は積分の形で書ける．

$$f(t) = \frac{1}{2\pi}\int_{-\infty}^{\infty}\left\{\int_{-\infty}^{\infty} f(\tau)\exp(-i\omega\tau)\,\mathrm{d}\tau\right\}\exp(i\omega t)\,\mathrm{d}\omega \tag{5.97}$$

ここで，

$$F(\omega) = \int_{-\infty}^{\infty} f(t)\exp(-i\omega t)\,\mathrm{d}t \tag{5.98}$$

と書くと，式 (5.97) は，

$$f(t) = \frac{1}{2\pi} \int_{-\infty}^{\infty} F(\omega) \exp(i\omega t) \, d\omega \tag{5.99}$$

が得られる．これを，関数 $f(t)$ のフーリエ積分表示という．また，式 (5.98) を関数 $f(t)$ のフーリエ変換といい，式 (5.99) は，フーリエ逆変換ともいう．ここで，フーリエ変換は，もとの関数のスペクトルに対応していることに注意してほしい．フーリエ変換を導入することで，初めて連続関数のスペクトルが求められるのである．また，図 5.14 から連想されるように，連続関数 $f(x)$ は，フーリエスペクトル $F(\omega)$ を重み係数とした正弦関数 $\exp(i\omega t)$ の重ね合わせであると解釈される．またこれは，逆に，連続関数 $f(x)$ がいろいろな重み係数 $F(\omega)$ をもった正弦関数 $\exp(i\omega t)$ の和に分解されるとも解釈できる．

例題 5.8 次の関数のフーリエ変換を計算せよ．また，これを図示せよ．

(1) $f(t) = \text{rect}(t) = \begin{cases} 1 & (|t| \leq 1/2) \\ 0 & (|t| > 1/2) \end{cases}$

(2) $f(t) = \exp(-at^2)$

....

解答 (1) $F(\omega) = \displaystyle\int_{-\infty}^{\infty} f(t) \exp(-i\omega t) \, dt$
$= \displaystyle\int_{-1/2}^{1/2} \exp(-i\omega t) \, dt = \left[\frac{\exp(-i\omega t)}{-i\omega}\right]_{-1/2}^{1/2} = \frac{\exp(-i\omega/2) - \exp(i\omega/2)}{-i\omega}$
$= \displaystyle\frac{\sin \omega/2}{\omega/2}$

矩形関数 $\text{rect}(t)$ とそのフーリエ変換を，図 5.16 に示す．

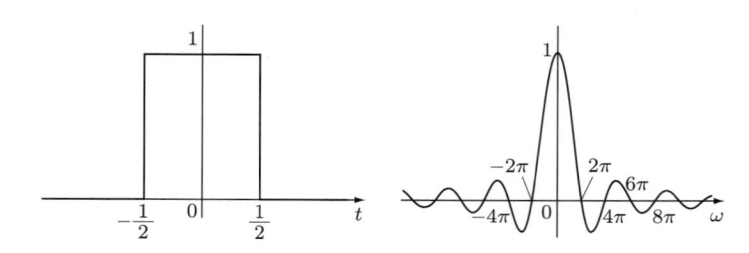

図 5.16 矩形関数とそのフーリエ変換

(2) $F(\omega) = \displaystyle\int_{-\infty}^{\infty} \exp(-at^2) \exp(-i\omega t) \, dt$
$= \displaystyle\int_{-\infty}^{\infty} \exp\left\{-a\left(t + \frac{i\omega}{2a}\right)^2\right\} \cdot \exp\left(\frac{-\omega^2}{4a}\right) dt$

$$= \int_{-\infty}^{\infty} \exp(-at^2) \cdot \exp\left(-\frac{\omega^2}{4a}\right) dt = \sqrt{\frac{\pi}{a}} \exp\left(\frac{-\omega^2}{4a}\right)$$

ガウス形関数とそのフーリエ変換を，図 5.17 に示す．ガウス形関数のフーリエ変換は，ガウス形関数になることに注意してほしい．ガウス形関数 $\exp(-at^2)$ の半値幅 (FWHM；値が 1/2 になるところでの関数の幅) は，$2\sqrt{(\ln 2)/a}$ である．

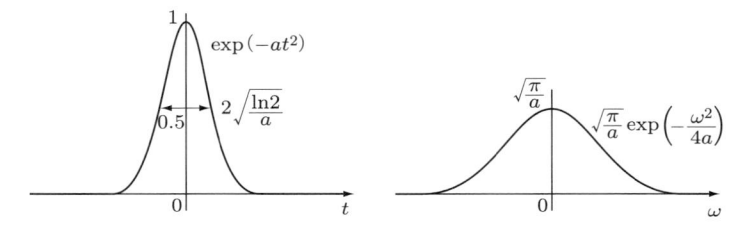

図 5.17 ガウス形関数とそのフーリエ変換

光学においては，2 次元の画像や複素振幅分布を取り扱うことが多い．2 次元の情報を $f(x, y)$ とし，その 2 次元フーリエ変換を $F(\nu_x, \nu_y)$ とすると，次の関係がある．

$$f(x, y) = \iint_{-\infty}^{\infty} F(\nu_x, \nu_y) \exp\{i 2\pi (x\nu_x + y\nu_y)\} d\nu_x d\nu_y \tag{5.100}$$

$$F(\nu_x, \nu_y) = \iint_{-\infty}^{\infty} f(x, y) \exp\{-i 2\pi (x\nu_x + y\nu_y)\} dx dy \tag{5.101}$$

ここで，x と y が空間座標であるとすると，ν_x と ν_y はそれぞれの周波数に対応し，空間周波数とよばれる．

空間座標 (x, y) に対するフーリエ変換は，式 (5.100) と (5.101) のように定義されることが多い．2 次元フーリエ変換を

$$F(\omega_x, \omega_y) = \iint_{-\infty}^{\infty} f(x, y) \exp\{-i(x\omega_x + y\omega_y)\} dx dy \tag{5.102}$$

のように定義すると，その逆変換は，

$$f(x, y) = \frac{1}{(2\pi)^2} \iint_{-\infty}^{\infty} F(\omega_x, \omega_y) \exp\{i(x\omega_x + y\omega_y)\} d\omega_x d\omega_y \tag{5.103}$$

で与えられることに注意してほしい．

1 次元のフーリエ変換は，連続関数 $f(t)$ を正弦関数 $\exp(i\omega t)$ で分解もしくは合成すると解釈でき，そのときの正弦関数 $\exp(i\omega t)$ の重みがフーリエスペクトル $F(\omega)$ であることはすでに述べた．2 次元のフーリエ変換の場合には，図 5.18 のように，これが 2 次元の正弦関数 $\exp\{i 2\pi (x\nu_x + y\nu_y)\}$ で分解もしくは合成するものと解釈できる．2 次元の正弦関数 $\exp\{i 2\pi (x\nu_x + y\nu_y)\}$ は，式 (5.18) から，2 次元の平面波とも解釈でき

る．このことから，2次元の複素振幅分布 $f(x,y)$ は，いろいろな方向に伝播する平面波 $\exp\{i2\pi(x\nu_x + y\nu_y)\}$ に分解できることを示している．また，逆に，いろいろな方向に進む平面波 $\exp\{i2\pi(x\nu_x + y\nu_y)\}$ の重ね合わせにより，複素振幅分布 $f(x,y)$ を合成できることも意味する．いうまでもないが，このときの平面波 $\exp\{i2\pi(x\nu_x + y\nu_y)\}$ の振幅は，$F(\nu_x, \nu_y)$ である．

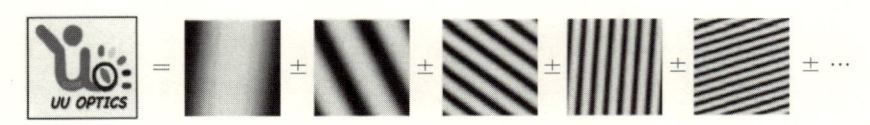

図 5.18 2次元のフーリエ変換の概念

2次元のフーリエ変換は，2次元の正弦関数の重ね合わせである．

◆ 演習問題 ◆

- **[5.1]** 3次元空間を進む平面波 (5.27) が3次元空間の波動方程式 (5.8) を満足することを示せ．
- **[5.2]** p偏光に関するフレネルの公式から，ストークスの関係 (5.52) と (5.53) を導け．
- **[5.3]** 式 (5.65)〜(5.68) を用いて，反射と屈折におけるそれぞれのエネルギー保存則 (5.69)，(5.70) が成り立つことを示せ．
- **[5.4]** ダイアモンドの屈折率は 2.42 である．ダイアモンドの表面に垂直に入射した光の反射率を求めよ．
- **[5.5]** 図 5.19 に示す周期 T の鋸歯状関数 $g(t)$ のフーリエ級数を求めよ．

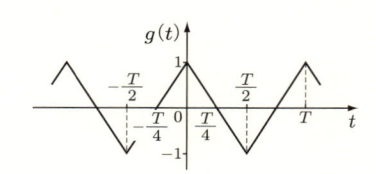

図 5.19 周期関数 $g(t)$

- **[5.6]** 関数 $f(x)$ のフーリエ変換が $F(\omega)$ であるとした場合，$f(ax)$ と $f(x-b)$ はどのようになるか．ただし，a, b は定数である．

第6章 干渉と多層膜

波の重ね合わせが起こると，波の変位は山と山が重なった部分では強め合い，また山と谷が重なった部分では弱め合う．周波数が同じ光波を重ね合わせ，その光の強度の空間的な分布を考えると，強度が高く明るい部分や，強度が低く暗い部分が生じる．これが干渉の現象である．シャボン玉にきれいな色がついてみえる現象や，美しい蝶の羽の色も，この干渉の効果による．

◆ 6.1 正弦波の重ね合わせ

6.1.1 振動数が等しい場合

いま，振動数が同じで，振幅も同じ二つの光波が，互いに逆向き ($+z$ 方向と $-z$ 方向) に進んでいる場合を考えよう．このときの光波の重ね合わせは，

$$u(z,t) = A\exp\{i(kz-\omega t)\} + A\exp\{i(-kz-\omega t)\} = 2A\cos kz \cdot \exp(-i\omega t) \quad (6.1)$$

である．合成された光波は，どの場所においても角周波数 ω で振動しており，その振幅は $2A\cos kz$ で空間的に変化している．振幅が最大のところと 0 のところは，それぞれ腹と節とよばれる．このような状態の波を定在波 (または定常波) という (図 6.1)．

例題 6.1 対向して進む二つの波の重ね合わせを実数で表すと，

$$u(z,t) = A\cos(kz-\omega t) + A\cos(-kz-\omega t)$$

と表すことができる．これが定在波となり，式 (6.1) の実部と等しいことを示せ．

解答 計算すると，

$$u(z,t) = 2A\cos kz \cdot \cos \omega t$$

が得られ，これは定在波であり，式 (6.1) の実部

$$\mathrm{Re}[2A\cos kz \cdot \exp(-i\omega t)] = 2A\cos kz \cdot \cos \omega t$$

と等しい．

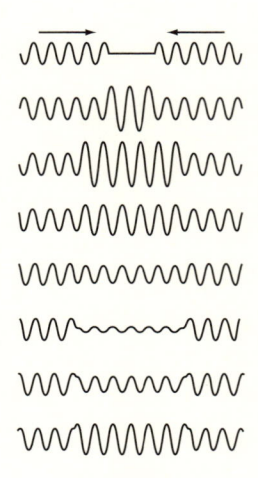

図 6.1　定在波
対向して進む正弦波の重ね合わせにより，定在波が生まれる．

次に，z 軸と $\pm\theta$ の角度で交わるように進む二つの平面波の重ね合わせを考えよう．このときの光波の重なりは，

$$\begin{aligned}
u(x,z,t) &= A\exp\{i(\boldsymbol{k}_1\cdot\boldsymbol{r}_1-\omega t)\} + A\exp\{i(\boldsymbol{k}_2\cdot\boldsymbol{r}_1-\omega t)\} \\
&= A\{\exp(ikz\cos\theta+ikx\sin\theta)+\exp(ikz\cos\theta-ikx\sin\theta)\}\exp(-i\omega t) \\
&= 2A\cos(kx\sin\theta)\exp\{i(kz\cos\theta-\omega t)\}
\end{aligned} \quad (6.2)$$

となり，x 方向には定在波になっており，z 方向には波数が $k\cos\theta$ で進む波になっていることがわかる．この波の強度は，

$$I = |u(x,z,t)|^2 = 4A^2\cos^2(kx\sin\theta) = 2A^2\{1+\cos(2kx\sin\theta)\} \quad (6.3)$$

となり，x 軸に垂直に等間隔直線の縞模様の分布をする．最大の強度は $4A^2$ であり，最小は 0 である．もとの平面波の振幅は一定であるが，これが重なると場所的に強め合ったり弱め合ったりする．この現象が干渉である．縞模様のパターンを干渉縞という．干渉縞がもっとも明るい場所では，干渉縞の強度は $I_{\max}=4A^2$，もっとも暗い場所では $I_{\min}=0$ である．

いままでは，干渉する二つの光波の振幅が等しかった場合を考えてきたが，これが異なる場合を考えよう．しかも，両光波はほぼ z 方向に進むが，完全な平面波ではなく，場所によって位相遅れがある場合を考えよう．このときの光波の重なりは，

$$u(x,y,z,t) = A_1\exp\{ikz+i\phi_1(x,y)-i\omega t\} + A_2\exp\{ikz+i\phi_2(x,y)-i\omega t\} \quad (6.4)$$

と表すことができる．重ね合わされた光波の強度分布は，

$$I = |u(x,y,t)|^2 = A_1^2 + A_2^2 + 2A_1A_2\cos\delta(x,y) \tag{6.5}$$

となる．ただし，

$$\delta(x,y) = \phi_2(x,y) - \phi_1(x,y) \tag{6.6}$$

は，両光波の位相差である．振幅の異なる光波を重ね合わせると，干渉縞の最大強度と最小強度は，

$$I_{\max} = A_1^2 + A_2^2 + 2A_1A_2 = (A_1 + A_2)^2 \tag{6.7}$$

$$I_{\min} = A_1^2 + A_2^2 - 2A_1A_2 = (A_1 - A_2)^2 \tag{6.8}$$

である．干渉縞の明暗は，重ね合わされる光波の振幅によっても異なることがわかる．

干渉縞の鮮明さを表す尺度として，次のような量が定義されている．

$$V = \frac{I_{\max} - I_{\min}}{I_{\max} + I_{\min}} = \frac{2A_1A_2}{A_1^2 + A_2^2} \tag{6.9}$$

これを，鮮明度またはコントラストという．両波の振幅が等しい場合には，$V=1$ であり，一方の振幅が 0 であれば，$V=0$ となるので，

$$0 \leq V \leq 1 \tag{6.10}$$

である．

例題 6.2 干渉する二つの光波の振幅の比が $A_1/A_2 = 2$ の場合にできる干渉縞の鮮明度 V を求めよ．また，$A_1/A_2 = 10$ の場合にはいくらになるか．

解答 $A_1/A_2 = 2$ の場合，式 (6.9) に $A_1 = 2A_2$ を代入して，

$$V = \frac{2A_1A_2}{A_1^2 + A_2^2} = \frac{2 \cdot 2A_2 \cdot A_2}{(2A_2)^2 + A_2^2} = \frac{4}{5} = 0.8$$

となる．$A_1/A_2 = 10$ の場合は，次のようになる．

$$V = \frac{2A_1A_2}{A_1^2 + A_2^2} = \frac{2 \cdot 10A_2 \cdot A_2}{(10A_2)^2 + A_2^2} = \frac{20}{101} = 0.2$$

6.1.2 振動数が異なる場合

波動の重ね合わせの例として，振幅が等しく周波数がわずかに異なる正弦波が，同じ方向に伝搬する場合を考えよう．このとき合成波は，

$$u(z,t) = A\exp\{i(k_1 z - \omega_1 t)\} + A\exp\{i(k_2 z - \omega_2 t)\} \tag{6.11}$$

となる．ただし，それぞれの波数，角周波数を，k_1, k_2, ω_1, ω_2 とする．ここで，波数と角周波数の平均と差の半分を，$(k_1+k_2)/2 = \bar{k}$, $(\omega_1+\omega_2)/2 = \bar{\omega}$, $(k_1-k_2)/2 = \Delta k$, $(\omega_1-\omega_2)/2 = \Delta\omega$ とおく．$\omega_1 \approx \omega_2$ なので，$\Delta\omega$ は非常に小さい量であり，$\bar{\omega}$ は元の振動数 ω_1, ω_2 にほぼ等しい．このとき，

$$u(z,t) = 2A\cos(\Delta k z - \Delta\omega t) \cdot \exp\{i(\bar{k}z - \bar{\omega}t)\} \tag{6.12}$$

が得られ，もとの振動数にほぼ等しい $\bar{\omega}$ で振動する波動が生じるが，その振幅は，周波数 $\Delta\omega$ で変調され，ゆっくりと正弦的に変化する．この様子を，図 6.2 に示す．この現象は，ビート（うなり）として知られている．

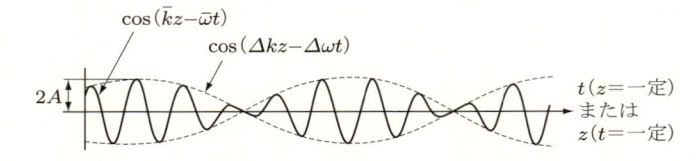

図 6.2 伝搬方向が同じで周波数がわずかに異なる波の重ね合わせ

位相速度と群速度

正弦波の進む速度は，式 (5.10) で表される．これを書き換えると，

$$v_p = \frac{\omega}{k} \tag{6.13}$$

が得られる．この速度は，位相速度とよばれる．正弦波はいわば理想化された波動で，周波数が一定の無限に続く波である．実際には，波動が無限に続くことはなく，波長もある広がり幅をもっている．このような波は，図 6.2 の，振幅が $2A\cos(\Delta k z - \Delta\omega t)$ で振動する部分のように，ある範囲に局在する波として伝わる．図 6.2 の例は，二つの周波数をもった正弦波の重ね合わせであるが，周波数が近い多数の正弦波の重ね合わせの場合には，局在する部分がパルス状の塊となって進む波動となる．このような塊としての波の進行速度は，正弦波の場合と異なる．この速度を群速度という．もっとも単純な波の塊が，図 6.2 であり，ビート波の群速度は，式 (6.12) より，次のようになる．

$$v_g = \frac{\Delta\omega}{\Delta k} \tag{6.14}$$

通常，角周波数 ω は波数 k の関数であり，これを分散という．$\omega = \omega(k)$ を分散関係という．考えている周波数範囲が小さいときには，

である．群速度は，光のエネルギーが進む速度である．

ここで，屈折率に分散があるときには，角周波数 ω と波数 k の関係は，

$$\omega = \frac{c}{n(\omega)} k \tag{6.16}$$

と書ける．屈折率は分散があると角周波数 ω の関数になるからである．両辺を k で微分した結果を用いると，式 (6.15) は，

$$v_g = \frac{c}{n}\left(1 - \frac{k}{n}\frac{\mathrm{d}n}{\mathrm{d}k}\right) \tag{6.17}$$

となる．さらに，$\mathrm{d}n/\mathrm{d}k = -\lambda^2/(2\pi) \cdot \mathrm{d}n/\mathrm{d}\lambda$ を用いて，次式となる．

$$v_g = v_p\left(1 + \frac{\lambda}{n}\frac{\mathrm{d}n}{\mathrm{d}\lambda}\right) \tag{6.18}$$

通常は，$\mathrm{d}n/\mathrm{d}\lambda < 0$ (正常分散) であるので，群速度は位相速度よりも遅くなる．

6.2 二光束の干渉

6.2.1 ヤングの干渉計

二つの波が重なって干渉する現象を，二光束干渉という．もっとも簡単な二光束干渉は，ヤングの実験として知られている．

図 6.3 のように，幅の狭いスリット S_1 と S_2 があり，この複スリットに別の単スリット S_0 から漏れ出た光が当たっているとしよう．スリット S_1 と S_2 から出た光がスクリーン上に広がって重ね合わせられている．複スリットの面に対して平行に観測スク

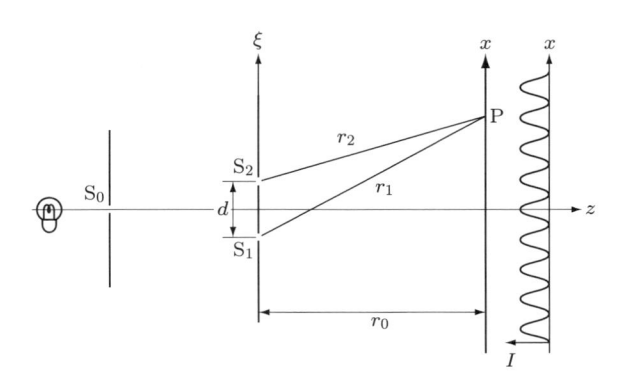

図 6.3 ヤングの実験

リーンが置かれているとして，この面における光の強度分布を計算してみよう．

　複スリット面とスクリーン面は互いに平行で，両者の距離を r_0 とし，複スリットの中心に z 軸をとる．複スリット面とスクリーン面の座標をそれぞれ，ξ と x とする．また，光源となるスリット S_0 は，z 軸上にあるとする．複スリットの間隔を d とする．光源 S_0 から出た光は，スリット S_1 と S_2 までの距離が等しいので，同じ位相，同じ振幅で複スリットに到達する．各スリットから出て，スクリーン上の一点 P に到達する光波は，

$$E_1(r_1, t) = A_1 \exp\{i(kr_1 - \omega t)\} \tag{6.19}$$

$$E_2(r_2, t) = A_2 \exp\{i(kr_2 - \omega t)\} \tag{6.20}$$

と書ける．ただし，A_1 と A_2 は光波の振幅で，複スリットと点 P までの距離は，

$$r_1 = \sqrt{r_0^2 + \left(x + \frac{d}{2}\right)^2} \tag{6.21}$$

$$r_2 = \sqrt{r_0^2 + \left(x - \frac{d}{2}\right)^2} \tag{6.22}$$

である．点 P における光の強度は，式 (5.30) より，

$$I(x) = |E_1 + E_2|^2 \tag{6.23}$$

である．したがって，

$$I(x) = A_1^2 + A_2^2 + 2A_1 A_2 \cos\left[k\{r_2(x) - r_1(x)\}\right] \tag{6.24}$$

となる．ここで，

$$\delta(x) = k\{r_2(x) - r_1(x)\} \tag{6.25}$$

とする．$r_2 - r_1$ は光路長差，δ は位相差とよばれる．すなわち，次のようになる．

$$I(x) = A_1^2 + A_2^2 + 2A_1 A_2 \cos \delta(x) \tag{6.26}$$

　次に，両方の光の振幅が等しく $A = A_1 = A_2$ である場合を考えると，

$$I(x) = 2A^2 + 2A^2 \cos\{k(r_2 - r_1)\} = 2A^2\{1 + \cos \delta(x)\} = 4A^2 \cos^2 \frac{\delta(x)}{2} \tag{6.27}$$

となり，スクリーン上には明暗の縞模様が現れる．この現象を，干渉という．二つのスリットから出て点 P に到達する光のエネルギーはそれぞれ A^2 で，合計 $2A^2$ に比例するが，式 (6.27) ではそれ以外の第 2 項 $2A^2 \cos \delta$ が現れる．これが干渉による項である．干渉は波動特有の現象である．光路長差が波長の整数倍のとき，明縞が現れる．

半整数のときには暗縞になる．すなわち，明縞の条件は，m を整数として，

$$r_2 - r_1 = m\lambda \tag{6.28}$$

である．

ここで，複スリット面からスクリーン面までの距離 r_0 が，複スリット間隔 d よりも十分長く，さらに点 P も z 軸に近いときには，次のような近似が成立する．

$$r_1 = \sqrt{r_0^2 + (x+d/2)^2} = r_0\sqrt{1 + \left\{\frac{(x+d/2)^2}{r_0^2}\right\}}$$

$$\approx r_0\left\{1 + \frac{1}{2}\frac{(x+d/2)^2}{r_0^2}\right\} = r_0 + \frac{1}{2}\frac{(x+d/2)^2}{r_0} \tag{6.29}$$

同じく，次式が成り立つ．

$$r_2 \approx r_0 + \frac{1}{2}\frac{(x-d/2)^2}{r_0} \tag{6.30}$$

よって，

$$\delta(x) = k(r_2 - r_1) \approx -\frac{2\pi d}{\lambda r_0}x \tag{6.31}$$

となる．したがって，強度分布は，

$$I(x) = 4A^2 \cos^2\left(\frac{\pi d}{\lambda r_0}x\right) \tag{6.32}$$

となり，スクリーン上には等間隔直線の縞模様が現れる．この実験は，ヤングによって 1801 年に行われ，光の波動説の有力な論拠となった．

例題 6.3 図 6.4 のように，頂角 θ がきわめて小さい直角プリズム二つの底面を密着させたものに (これをフレネルの複プリズムという)，スリット S から波長 λ の単色光をあてる．プリズムによって光線が屈折され，スリットの虚像 S_1 と S_2 ができる．このとき，スクリーン上にはどのようなパターンが見えるか．ただし，スリットからプリズムまでの距離 b とスリット S からスクリーンまでの距離 l はプリズムの大きさよりも十分大きいとする．また，プリズムの屈折率を n とする．

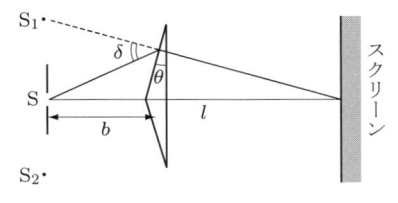

図 6.4 フレネルの複プリズム

解答 小さい頂角のプリズムによる振れ角は，入射角 i と出射角 i' が小さいとすると，式 (2.15), (2.16) より

$$i = nr, \qquad nr' = i'$$

が得られ，式 (2.19) より，

$$\delta = i + i' - \theta = n(r + i') - \theta = (n-1)\theta$$

である．したがって，スリットの虚像 S_1 と S_2 間の距離は，

$$d = \overline{S_1 S_2} = 2b\delta = 2(n-1)b\theta$$

となる．スクリーン上には，このスリットの虚像 S_1 と S_2 が作る複スリットによる干渉縞が見える．ヤングの実験による干渉縞の式 (6.32) に，上記の d と，$r_0 = l$ を代入すればよい．スクリーン上の座標を x とすれば，干渉縞の強度分布は，次式で与えられる．

$$I(x) = 4A^2 \cos^2 \left\{ \frac{2\pi(n-1)b\theta}{\lambda l} x \right\}$$

6.2.2 薄い膜の干渉

図 6.5 に示すように，屈折率が n_1 の媒質中に屈折率 n_2 の平行平面板があるとしよう．平行平面板の厚さは薄いものとする．光源 S からの入射光の一部が境界面 A で反射され，残りは屈折して底面 B で反射される．これが表面 C で屈折して，点 A で反射した光線と同じ角度でレンズに向かう．入射光が平面波とみなせれば，反射光も平

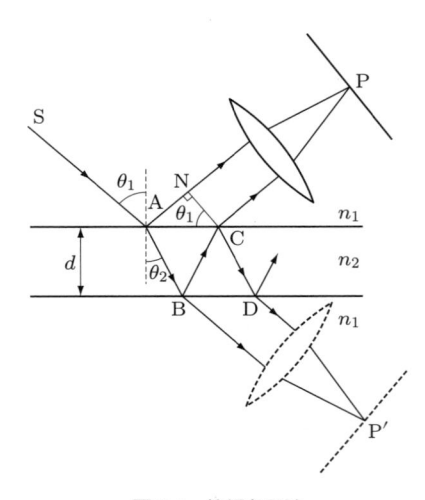

図 6.5 等傾角干渉

面波で，両者はレンズの焦点面で重ね合わされて干渉する．図 6.5 では，平面波の進行方向を光線に対応させて表している．

両平面波の光路差 Δ は，

$$\Delta = n_2(\overline{AB} + \overline{BC}) - n_1\overline{AN} \tag{6.33}$$

である．ただし，N は点 C から点 A で反射された光波の進行方向に下ろした足である．平行平面板の厚さを d とし，入射角を θ_1，屈折角を θ_2 とすると，

$$\Delta = 2\frac{n_2 d}{\cos\theta_2} - 2n_1 d\tan\theta_2 \sin\theta_1 = 2n_2 d\cos\theta_2 \tag{6.34}$$

となる．したがって，位相差は次式となる．

$$\delta = \frac{2\pi}{\lambda_0}\Delta \pm \pi = \frac{4\pi}{\lambda_0}n_2 d\cos\theta_2 \pm \pi \tag{6.35}$$

位相差に $\pm\pi$ が入っているのは，反射における位相 π の跳びを考慮したためである．$n_1 < n_2$ ならば点 A，$n_1 > n_2$ ならば点 B における反射による．

干渉縞の明暗は，

$$2n_2 d\cos\theta_2 = \frac{1}{2}(2m+1)\lambda_0 \qquad (m = 0, \pm 1, \pm 2, \cdots) \tag{6.36}$$

のとき明縞が得られ，

$$2n_2 d\cos\theta_2 = m\lambda_0 \qquad (m = 0, \pm 1, \pm 2, \cdots) \tag{6.37}$$

のとき暗縞になる．

媒質の屈折率と平行平面板の厚さが与えられれば，干渉縞の明暗は屈折角 θ_2（したがって入射角 θ_1）のみで決まる．これを等傾角干渉という．

6.2.3 傾いた境界面での干渉

平面板が少し傾いていたり，二つの境界面の間隔が場所によって一定でない場合には，干渉縞のできる条件や位置が異なる．

図 6.6 のように，屈折率 n_2 の媒質 II が，やや傾いた境界面で屈折率 n_1 の媒質 I で挟まれている場合を考えよう．表面上の点 A で反射された光と，裏面 C で反射された光が，観測点 P で干渉する場合の光路差を求めればよい．光路長差は，

$$\Delta = n_1\overline{SB} + n_2(\overline{BC} + \overline{CD}) + n_1\overline{DP} - n_1(\overline{SA} + \overline{AP}) \tag{6.38}$$

である．境界面の間隔 d が小さいときには，点 B，点 A，点 D は互いに近い．点 A から BC と CD に下ろした垂線の足をそれぞれ N_1，N_2 とする．このとき，AN_1 は，光

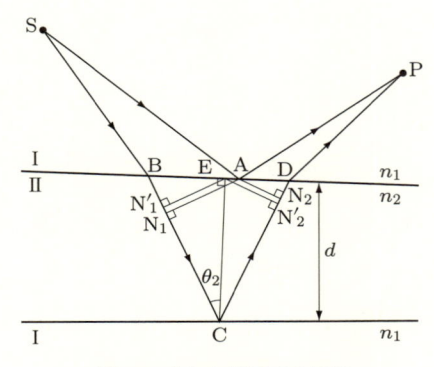

線 SB の波面であると同時に，光線 SA の媒質 II 中の波面でもあるとみなすことができる．したがって，

$$n_1\overline{SA} \approx n_1\overline{SB} + n_2\overline{BN_1} \tag{6.39}$$

となる．同様に，

$$n_1\overline{AP} \approx n_1\overline{DP} + n_2\overline{N_2D} \tag{6.40}$$

となり，よって，

$$\Delta \approx n_2(\overline{N_1C} + \overline{CN_2}) \tag{6.41}$$

となる．点 C から別の境界面に下ろした垂線の足を E とする．点 E から BC と CD に下ろした垂線の足をそれぞれ，N_1'，N_2' とする．両境界面のなす角が小さいとすると，点 A と点 E は接近するので，次のようになる．

$$\Delta \approx n_2(\overline{N_1'C} + \overline{CN_2'}) \tag{6.42}$$

ここで，$\overline{N_1'C} = \overline{CN_2'} = d\cos\theta_2$ であるので，

$$\Delta = 2n_2 d\cos\theta_2 \tag{6.43}$$

となり，位相差は次のようになる．

$$\delta = \frac{4\pi}{\lambda_0} n_2 d\cos\theta_2 \pm \pi \tag{6.44}$$

これは，等傾角干渉の式 (6.35) と同じである．しかし，この場合には，干渉縞の明暗は媒質の厚さ d によって決まる．これを，等厚干渉という．

例題 6.4 2 枚の薄いガラス板が，くさび形になるように一辺が接して置かれている．

上方から波長 λ の光で照明したとき，接しているガラス面の間で起こる干渉現象について述べよ．ただし，くさび形の稜角 ψ は非常に小さいとせよ．

解答 図 6.7 に示すように，稜角が非常に小さいときには，狭い範囲では二つのガラス面は平行であるとみなしてよい．反射光で干渉縞を見る場合には，干渉する二つの光線の光路差 Δ は，式 (6.43) より，

$$\Delta = 2nd\cos r = 2d\sqrt{n^2 - \sin^2 i}$$

となる．ただし，入射角を i，ガラス面の間隔を d とした．ガラスの表面と裏面の反射では，位相が π 跳ぶことに注意すると，明縞は $\Delta = (2m+1)\cdot\lambda/2$，暗縞は $\Delta = 2m\cdot\lambda/2$ の条件で現れる．m 次の暗縞が見えるためには，

$$d_m = \frac{m\lambda}{2\sqrt{n^2 - \sin^2 i}}$$

の間隙が必要である．したがって，どの隣り合う暗縞の間でも，ガラス面間隔は $\Delta d = \lambda/2\sqrt{n^2 - \sin^2 i}$ だけ異なっている．隣り合う二つの暗縞の間隔は，

$$x = \frac{\lambda}{2\tan\psi\sqrt{n^2 - \sin^2 i}} \approx \frac{\lambda}{2\psi\sqrt{n^2 - \sin^2 i}} \tag{6.45}$$

となり，稜角 ψ が小さいほど縞の間隔は広がることがわかる．

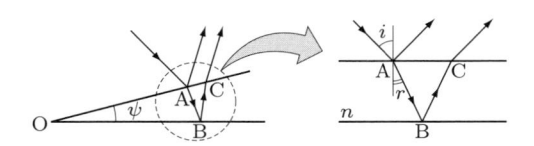

図 6.7 1 辺が接している 2 枚のガラス板における干渉

6.2.4 ニュートンリング

等厚干渉の例として，レンズの曲率半径を測定するニュートンリングの方法を説明しよう．図 6.8 のように，平面ガラスの上に，平凸レンズを置く．これにほぼ垂直な方向から波長 λ_0 の光を照射して，真上から観測する．球面と平面での反射光による等厚干渉縞が見える．球面の曲率半径を R とし，平面と球面の接点から球面上のある点までの距離を r とする．この点と球面までの距離 d は，次のようになる．

$$d = R - \sqrt{R^2 - r^2} = R - R\sqrt{1 - \frac{r^2}{R^2}} \approx R - R\left(1 - \frac{1}{2}\frac{r^2}{R^2}\right) = \frac{r^2}{2R} \tag{6.46}$$

位相差は，平面での反射において，反射光の位相が π 跳ぶことを考慮すると，

$$\delta = \frac{2\pi}{\lambda_0}2\frac{r^2}{2R} \pm \pi \tag{6.47}$$

である．したがって，

$$r = \sqrt{mR\lambda_0} \qquad m = 0, 1, 2, \cdots \tag{6.48}$$

のところに円環上の暗縞が見える．この縞をニュートンリング (図 6.9) という．レンズの曲率半径を測定する場合には，平面ガラスではなく被測定レンズと凸凹が逆の基準球面を使う．この基準球面を，ニュートン原器という．

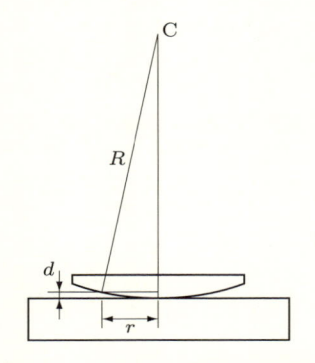

図 6.8 ニュートン検査の光学配置

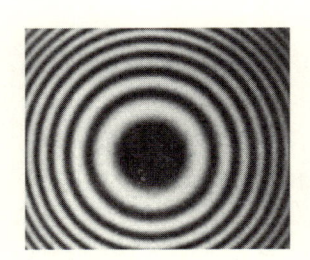

図 6.9 ニュートンリング

6.2.5 干渉計

　干渉の現象を利用して，物体の厚さや長さ，表面形状，屈折率分布などを測定する光学器械が干渉計である．光学素子の検査によく用いられる干渉計の一例として，トワイマン–グリーン干渉計を 図 6.10 に示す．レーザーを光源として，これを顕微鏡対

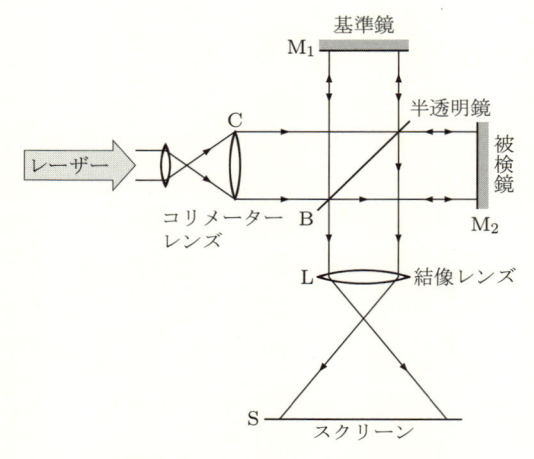

図 6.10 トワイマン–グリーン干渉計

物レンズで拡大し，コリメーターレンズ C で平行光束を作る．これを半透明鏡 B で二つに分け，一方を基準となる平面鏡 M_1 に当てる．もう一方は，測定したい平面鏡 M_2 に当て，それぞれの反射光をもとの半透明鏡で重ね合わせ，両者を干渉させる．このときの干渉は，等厚干渉である．レンズ L で測定したい鏡面の像をスクリーン S に結像すると，測定したい鏡面と基準鏡面の形状差を表す干渉縞が得られる．被測定面が反射物体であるので，光路は形状差の 2 倍となる．したがって，物体の形状が $h(x,y)$ のように表されると，明るい干渉縞ができる条件は，

$$2 \times h(x,y) = m\lambda, \qquad m = 0, 1, 2, \cdots \tag{6.49}$$

である．

反射凹面鏡の測定には，平面鏡 M_2 の代わりにレンズを置き，半透明鏡 B を透過してきた平行光束を一度収束させ，その収束点と曲率中心が一致するように反射凹面鏡を配置すればよい．このときの干渉縞は，被測定凹面鏡と理想球面との形状差の 2 倍を与える．図 6.11 に干渉縞の例を示す．レーザー光の波長が 630 [nm] であったので，干渉縞 1 本に対応する形状差は 315 [nm] である．

図 6.11 干渉計による反射凹面鏡の測定

その他，図 6.12 に示すように，非常に多くの干渉計が開発されている．マイケルソン干渉計 (図 (a)) は，広がった光源を使い，等傾角干渉縞を観測する干渉計であり，マッハ–ツェンダー干渉計 (図 (b)) は，透過物体を計測する目的で使用される干渉計である．フィゾー干渉計 (図 (c)) は，工業計測でよく利用されている．この干渉計では，コリメーターレンズ L と被検反射鏡の間に半透明な基準板を挿入している．被検鏡からの反射光と基準板からの反射光が干渉する．干渉する二つの光束はほぼ同じ光路を通るので (共通光路干渉計)，振動などの外乱に強い安定した干渉計である．液体や気体の屈折率を測定するためには，ジャマン干渉計 (図 (d)) が使われる．同じ材質で同じ形状の密閉容器 P_1 と P_2 を用意する．気体の屈折率の測定の場合には，始めに

（a）マイケルソン干渉計　　（b）マッハ-ツェンダー干渉計

（c）フィゾー干渉計　　（d）ジャマン干渉計

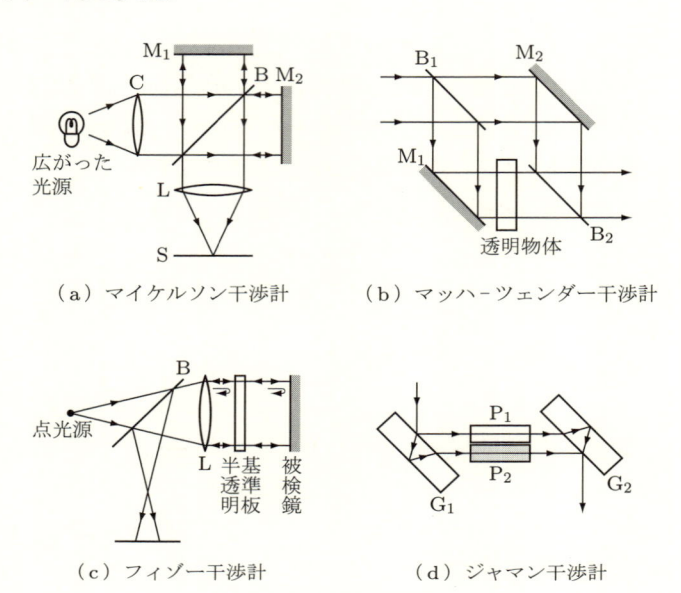

図 6.12　様々な干渉計

両方の容器を真空にし，次に一方の容器に徐々に気体を入れていく．そのときできる干渉縞の移動本数から気体による位相変化を測定し，屈折率を算出する．

6.3　多光束の干渉

6.3.1　多光束干渉の干渉縞

図 6.5 では，平行平面板の反射率は低いとして，内部での多重反射を無視していた．ここでは，平行平面板の両面に反射膜を付けて，反射率を大きくした場合について考えてみよう．この場合には，多数の光束が干渉するので，この干渉を多光束干渉という．図 6.13 に示すように，光源 S から単色（波長 λ_0）の平面波が入射角 θ_1 で入射し，平行平面板内で多重反射するとする．平行平面板に入射する場合の透過率を t，反射率を r，平行平面板から外に透過する光の透過率を t'，内部での反射率を r' とする．ここで，ストークスの関係式 (5.52) と (5.53) から，反射率に関しては，

$$r = -r' \tag{6.50}$$

強度透過率 T と反射率 R に関しては

$$T = tt', \qquad R = r^2 = r'^2, \qquad T + R = 1 \tag{6.51}$$

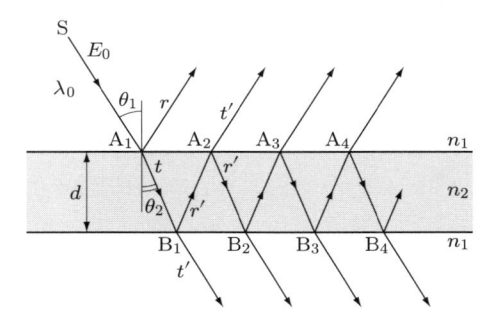

図 6.13 多光束干渉

の関係があることに注意しよう.

まず,振幅 E_0 の入射光が点 A_1 で反射すると,その振幅は rE_0,その透過光の振幅は tE_0 である.この透過光が点 B_1 で反射し,点 A_2 で透過すると,その振幅は,$tt'r'E_0 \exp(i\delta)$ である.ただし,位相差は式 (6.35) より,

$$\delta = \frac{4\pi}{\lambda_0} n_2 d \cos\theta_2 \tag{6.52}$$

である.位相の跳び $\pm\pi$ が式に含まれていないのは,式 (6.50) で考慮されているからである.以下同様に,点 A_3 で透過する光の振幅は,$tt'r'^3 E_0 \exp(i2\delta)$ であり,平行平面板の上面から出る光の振幅の総計は,次のようになる.

$$\begin{aligned} E_r &= \{r + tt'r' \exp(i\delta) + tt'r'^3 \exp(i2\delta) + tt'r'^5 \exp(i3\delta) + \cdots\} E_0 \\ &= [r + tt'r' \exp(i\delta)\{1 + r'^2 \exp(i\delta) + r'^4 \exp(i2\delta) + \cdots\}] E_0 \\ &= \left\{r + tt'r' \exp(i\delta)\frac{1}{1 - r'^2 \exp(i\delta)}\right\} E_0 \\ &= \frac{\{1 - \exp(i\delta)\}\sqrt{R}}{1 - R\exp(i\delta)} E_0 \end{aligned} \tag{6.53}$$

したがって,反射光の強度は,

$$I_R = |E_r|^2 = \frac{2 - 2\cos\delta}{1 + R^2 - 2R\cos\delta} R I_0 = \frac{4R\sin^2(\delta/2)}{(1-R)^2 + 4R\sin^2(\delta/2)} I_0 \tag{6.54}$$

となる.ただし,$I_0 = |E_0|^2$ である.入射光強度に対する反射光強度は,

$$\frac{I_R}{I_0} = \frac{4R\sin^2(\delta/2)}{(1-R)^2 + 4R\sin^2(\delta/2)} \tag{6.55}$$

である.

同様にして,透過光強度と入射光強度の比は,

$$\frac{I_T}{I_0} = \frac{(1-R)^2}{(1-R)^2 + 4R\sin^2(\delta/2)} \tag{6.56}$$

である.

多光束干渉による平行平面板の強度反射率と強度透過率を図示すると，図 6.14 が得られる．m を整数として，$\delta = 2m\pi$ のところで透過率は最大，反射率は最小になる．このように，多光束干渉での干渉縞のプロファイルは，二光束干渉が正弦波状であったのに対して，反射率 R が大きくなると鋭く尖って幅の狭い縞になる．

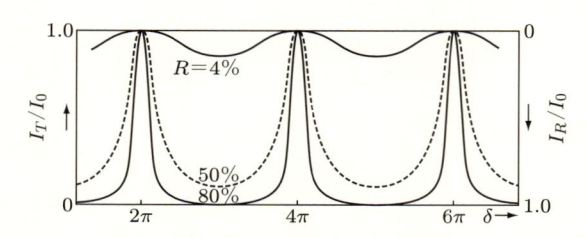

図 6.14 多光束干渉による平行平面板の強度透過率と強度反射率

6.3.2 反射防止膜

空気中に置かれたガラスの表面では，約 4 ％の反射が起こることは 5.8 節で述べた．このガラスの表面に薄膜を蒸着させることにより，反射率を 0 にすることができる．このような薄膜を反射防止膜とよぶ．図 6.15 に示すように，屈折率が n_g のガラス板があり，この表面に，屈折率が n，膜厚が d の薄膜が蒸着されていたとする．空気から薄膜に入射する光波の振幅透過率と反射率を，それぞれ t_1, r_1，薄膜からガラスへ入射する光波の振幅透過率と反射率を t_2, r_2 とする．入射した光波は，薄膜の中で多重反射を繰り返すから，前項と同様に考えると，薄膜から反射されるすべての光波の和は，隣り合う反射光の位相差を δ として，

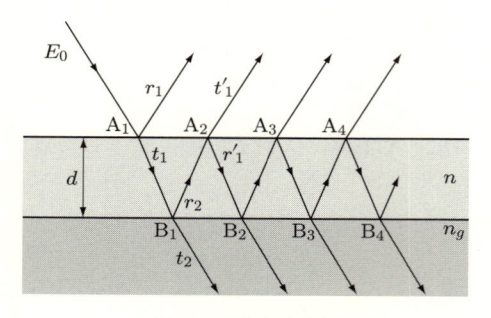

図 6.15 反射防止膜

$$E_r = \{r_1 + t_1 t_1' r_2 \exp(i\delta) + t_1 t_1' r_1' r_2^2 \exp(i2\delta) + t_1 t_1' r_1'^2 r_2^3 \exp(i3\delta) + \cdots\} E_0$$

$$= [r_1 + t_1 t_1' r_2 \exp(i\delta)\{1 + r_1' r_2 \exp(i\delta) + r_1'^2 r_2^2 \exp(i2\delta) + \cdots\}] E_0$$

$$= \left\{r_1 + t_1 t_1' r_2 \exp(i\delta) \frac{1}{1 - r_1' r_2 \exp(i\delta)}\right\} E_0$$

$$= \left\{r_1 + (1 - r_1^2) r_2 \exp(i\delta) \frac{1}{1 + r_1 r_2 \exp(i\delta)}\right\} E_0$$

$$= \frac{r_1 + r_2 \exp(i\delta)}{1 + r_1 r_2 \exp(i\delta)} E_0 \tag{6.57}$$

となる．ここで，ストークスの関係式 $r_1' = -r_1$, $t_1 t_1' = 1 - r_1^2$ を使った．反射光の強度は，次式となる．

$$I_R = |E_r|^2 = \frac{r_1^2 + r_2^2 + 2r_1 r_2 \cos\delta}{1 + (r_1 r_2)^2 + 2r_1 r_2 \cos\delta} E_0^2 \tag{6.58}$$

ここで，$I_R = 0$ となり反射光が消える条件を求めよう．第1の条件として，$\cos\delta = -1$ をとると，$\delta = (2m-1)\pi$ である．この条件の下では，式 (6.58) は，

$$I_R = \frac{r_1^2 + r_2^2 - 2r_1 r_2}{1 + (r_1 r_2)^2 - 2r_1 r_2} E_0^2 = \frac{(r_1 - r_2)^2}{(1 - r_1 r_2)^2} E_0^2 \tag{6.59}$$

となる．したがって，$r_1 = r_2$ であれば $I_R = 0$ となり，反射光の強度は 0 となる．

ここでさらに，垂直入射の場合を考え，入射光の波長が λ_0 である場合を考えよう．フレネルの反射係数 (5.48) から，

$$r_1 = \frac{1-n}{1+n}, \qquad r_2 = \frac{n-n_g}{n+n_g} \tag{6.60}$$

である．したがって，$r_1 = r_2$ より，

$$n = \sqrt{n_g} \tag{6.61}$$

また，位相に関しては，

$$\delta = (2m-1)\pi = \frac{4\pi}{\lambda_0} nd \tag{6.62}$$

となる．したがって，$m = 1$ とすると，

$$nd = \frac{\lambda_0}{4} \tag{6.63}$$

となる．この条件を満足する屈折率と膜厚の薄膜を蒸着すれば，この波長の光に対しては反射を完全に抑制できる．

反射防止膜とは反対に，反射率を上げるためには，$n > n_g$ の薄膜を蒸着すればよい．しかし，100%反射の膜はできない．反射率を向上させたり，ある波長範囲の光に

対しても反射防止膜を作るためには，蒸着する膜を多層にする多層膜技術が確立されている．これによって，レンズの透過率を可視光領域全体に対してほぼ100％にしたり，レーザー用の反射鏡の反射率をほぼ100％にすることができるようになった．

また，透過光に関しても，特定の条件を満足させれば，ある波長の光に対して高い透過率を実現することができる（図6.14参照）．これを干渉フィルターという．干渉フィルターにも多層膜の技術が使われ，広い波長範囲で反射防止を実現したり，あるいは非常に狭い特定の波長に関してのみ反射を抑えることができる．また，特定の波長範囲の光のみを透過させるフィルターも作られている．

6.4 干渉性

これまで考えてきた干渉の現象では，光源は点光源で，単色光であるとしたので，光波を無限に長い時間継続して振動する正弦波としてきた．しかし，現実には，光波は理想的な正弦波でもなく，点光源も存在しない．ここでは，このことが干渉にどのように影響するか考えてみよう．

6.4.1 時間的可干渉性

ここでまず，図6.3のヤングの実験を例に，正弦波の振動継続時間 τ が有限である場合を考えてみよう．このような，振幅と位相が決まったひと続きの正弦波とみなせる波を，波連という．スクリーン上の観測点Pの位置が中央から離れて，干渉する光の光路長差 $r_2(x) - r_1(x)$ が正弦波の長さ $c\tau$ よりも大きくなると，両波連は重なる部分がなくなり，干渉縞は形成されないことがわかる．また，現実の光波は同じ波長であっても，異なった時間に始まる多数の波連の集合であるので，異なる光源から出た光波は安定した干渉縞を形成できない．

しかし，同じ点光源から出た光波は，光路長差が0のところではもっとも鮮明な干渉縞を形成する（鮮明度 $V = 1$）．光路長差が大きくなると徐々に鮮明度が低下し，$c\tau$ のとき鮮明度 $V = 0$ となる．このことから，正弦波の継続時間が干渉縞形成の指標となることがわかる．正弦波の継続時間を可干渉時間 τ_c といい，また，

$$l_c = c\tau_c \tag{6.64}$$

を可干渉距離という．可干渉距離が長い光を可干渉性（コヒーレンス）が高い光といい，可干渉距離が十分長い光をコヒーレント光，十分短い光をインコヒーレント光という．

次に，正弦波の継続時間とスペクトルの関係を考えよう．一つの波連は，

$$f(t) = \begin{cases} f_0 \exp(i\omega_0 t) & (|t| \leq \tau_c/2) \\ 0 & (|t| > \tau_c/2) \end{cases} \quad (6.65)$$

のように表すことができるとすると，そのスペクトルは，これをフーリエ変換して，式 (5.98) より，次のようになる．

$$F(\omega) = \int_{-\tau_c/2}^{\tau_c/2} f_0 \exp\{-i(\omega - \omega_0)t\} dt$$

$$= f_0 \tau_c \frac{\sin\{(\omega - \omega_0)\tau_c/2\}}{(\omega - \omega_0)\tau_c/2} \quad (6.66)$$

角周波数 ω をもつ振幅成分が $F(\omega)$ であるので，そのエネルギーはパワースペクトルとよばれ，

$$\Omega(\omega) = |F(\omega)|^2 \propto \frac{\sin^2\{(\omega - \omega_0)\tau_c/2\}}{\{(\omega - \omega_0)\tau_c/2\}^2} \quad (6.67)$$

で与えられる．これを図示すると，図 6.16 のようになる．角スペクトルの広がり $\Delta\omega$ は，

$$\Delta\omega \approx \frac{2\pi}{\tau_c} \quad (6.68)$$

で与えられ，可干渉時間 τ_c に反比例する．したがって，スペクトル幅は，

$$\Delta\nu = \frac{1}{\tau_c} \quad (6.69)$$

となる．これから，スペクトル幅を求めると，可干渉時間が決まることがわかる．

また，$\nu = c/\lambda$ であるから，式 (6.64) と式 (6.69) より，

$$l_c = \frac{\lambda^2}{\Delta\lambda} \quad (6.70)$$

の関係もある．

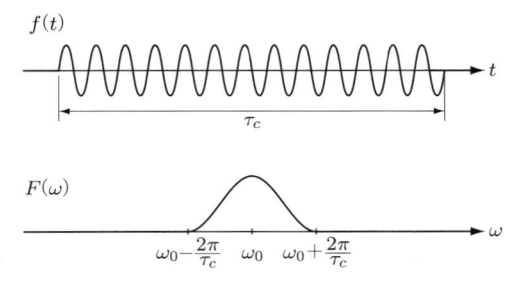

図 6.16 光波の時間 τ_c とスペクトル幅

例題 6.5 ガスレーザーのスペクトル幅が $\Delta\nu = 10^9$ [Hz] であるとすると，その可干渉距離はいくらか．白熱電灯から来た光の波長が 400 [nm] から 700 [nm] まで一様に広がっているとしたとき，この光の可干渉距離を求めよ．

解答 ガスレーザーについては，スペクトル幅が $\Delta\nu = 10^9$ [Hz] であるとすると，

$$l_c = c\tau_c = \frac{c}{\Delta\nu} = \frac{3 \times 10^{11}}{10^9} = 3 \times 10^2 \text{ [mm]}$$

となる．

白熱電灯については，波長広がりが 300 [nm] で，その中心波長が 550 [nm] であるので，式 (6.70) より，次のようになる．

$$l_c = \frac{\lambda^2}{\Delta\lambda} = \frac{550^2}{300} = 1008 = 1.01 \text{ [}\mu\text{m]}$$

6.4.2 空間的可干渉性

再びヤングの実験を考えよう．ここでは，図 6.3 の点光源 S_0 の代わりに，広がった光源で実験をする．光源は，z 軸を中心に，この軸に垂直な面内で幅が D のスリット状に広がっているものとする．光源上の一点 S の座標を x_S とすると，点光源 S による観測点 P における干渉縞は，式 (6.27) で表すことができ，そのときの位相差は，

$$\delta(x, x_S) = k(\overline{SS_2P} - \overline{SS_1P}) \approx k\left(\frac{d}{r_0}x + \frac{d}{r_S}x_S\right) \tag{6.71}$$

のように近似できる．ただし，スリット光源と複スリット間の距離を r_S とした．したがって，スリット光源全体の寄与を考えると，式 (6.27) を x_S で積分して，

$$I(x) = 2A^2 \int_{-D/2}^{D/2} \{1 + \cos\delta(x, x_S)\}dx_S$$

$$= 2A^2 D\left\{1 + \cos\left(\frac{kdx}{r_0}\right)\frac{\sin(kdD/2r_S)}{(kdD/2r_S)}\right\} \tag{6.72}$$

となる．干渉縞の鮮明度は，

$$V(d) = \left|\frac{\sin(\pi dD/\lambda r_S)}{(\pi dD/\lambda r_S)}\right| \tag{6.73}$$

である．鮮明度を複スリット間隔 d でプロットすると，図 6.17 が得られる．複スリット間隔 d を広げていくと，鮮明度が徐々に低下し，$d = \lambda r_S/D$ のとき鮮明度が 0 になる．使用波長 λ がわかれば，そのときの複スリット間隔 d から，光源を見込む角 D/r_S がわかる．これがマイケルソンの天体干渉計の原理である．この原理によって

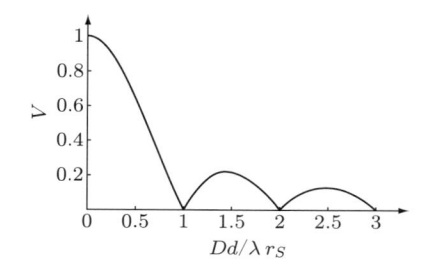

図 6.17 広がりのある光源によるヤングの干渉縞の鮮明度

星の視直径が測定され，オリオン座のベテルギウスの視直径 0.047 秒角が得られた．ちなみにこの精度は，富士山頂に置いたゴルフボールを，100 [km] 離れた東京から見ることに相当する．

◆ 演習問題 ◆

[6.1] 波長が $\lambda = 633$ [nm] のレーザー光を二つの平行光に分け，二光束干渉の実験を行った．二つの光束をスクリーンと角度 $\pm\theta$ で入射させたところ，等間隔の平行な縞が得られた．このとき，干渉縞の強度分布を，縞と直交する方向に点検出器で測定して，図 6.18 のような結果を得た．
 (a) このときの干渉縞の鮮明度を求めよ．
 (b) 干渉する二つの平行光のなす角度 $\Theta = 2\theta$ を求めよ．

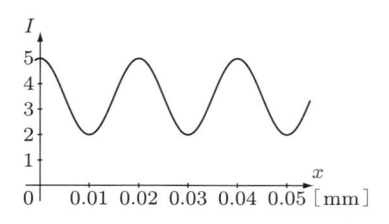

図 6.18 二光束干渉による縞強度分布

[6.2] ヤングの実験において，一方のスリットの直後に，厚さ d，屈折率 n の平行平面ガラス板を置いた．このとき，ヤングの縞にはどのような変化が起こるか．

[6.3] ヤングの実験の配置図 6.3 において，点光源から複スリットまでの距離を R とし，しかも，点光源の位置が，z 軸から x 軸方向に Δ の距離だけずれていた場合には，ヤングの縞にはどのような変化が起こるか．

[6.4] 薄いガラス板を重ねくさび状の間隙を作った．上方から光を当てると干渉縞が見えるという．いま，干渉縞間隔が 2 [mm] で，くさびの角が 1×10^{-4} ラジアンであったとすると，当てた光の波長はいくらか．

[6.5] 曲率半径が 10 [m] の平凸レンズと平面ガラスを密着させて，ニュートンリングの実験を行った．平凸レンズと平面ガラスの間に水を入れて実験したところ，第 4 の暗環の半径が 4 [mm] となったという．このときの光の波長はいくらか．ただし，水の屈折率を $n = 1.333$ とせよ．

[6.6] 薄い透明膜に光が当たって反射するとき，色づいた紋様が見えるときがある．しかし，厚い膜では色が見えないのはなぜか．

[6.7] 平凸レンズの球面を互いに接触させて，ニュートンリングを発生させた．二つの球面の曲率半径を R_1 と R_2，波長を λ として，m 番目のリングの半径 r を求めよ．

[6.8] 式 (6.70) を導け．

第7章 回折

　光は，均質な媒質中では直進するように見える．しかし，小さな開口を通過する場合や，スリットの縁を通るような場合には，遮蔽されている部分にも光が回り込む現象がみられ，屈折や反射などでは説明ができない．これは回折とよばれる現象で，光が波動であると考えてはじめて説明される．

7.1 ホイヘンスの原理

　ホイヘンス (Huygens) は，光が波動だとして，その波動が伝搬する現象を説明した．図 7.1(a) に示すように，ある時刻に波面が空間に広がっており，その波面を Σ とする．波面とは，空間に広がった波動の位相が等しい面をいう．たとえば，波動の山の部分を結んだ面を考えればよい．この波面 Σ が次の時刻にどのように伝播するかを説明するために，波面 Σ から 2 次波が発生するとした．2 次波は球面波で，その曲率半径は光の伝播速度に比例すると仮定する．この 2 次波により，図 7.1(a) のように波面 Σ から発生した多数の 2 次波の包絡面が，次の波面 Σ' を形成すると考えた．

　ホイヘンスの原理により，回折の現象を定性的に説明しよう．たとえば，図 7.1(b) のように，スリットに平面波が垂直に入射したとする．まず，平面波 Σ がスリット面

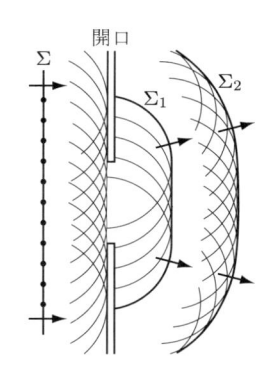

（a）波面の伝播　　（b）スリットにおける回折

図 7.1 ホイヘンスの原理

に到達したとしよう．スリットの開口部分では，2次波が発生し，スリットの縁の部分では2次波の包絡面は開口の裏側にも形成される．したがって，開口の裏側に回り込むような新たな波面 Σ_1 ができる．この波面からさらに2次波が発生し，その包絡面が次の波面 Σ_2 となる．このようにして，光波が開口の裏側に回り込む現象が説明された．

ホイヘンスの原理を使うと，反射や屈折の法則を導くことができる．

例題 7.1 ホイヘンスの原理を使って，屈折の法則を導け．

解答 図 7.2 のように，屈折率 n_1 と n_2 の媒質が平面で接しているとする．平面波 AB が入射角 θ_1 で入射し，平面波 AB が境界面に到達して CD の位置にあるとする．光線 AC は境界面に到達しているが，他の光線は到達していない．少し時間がたつと (Δt 後)，光線 BE が境界面の E 点に到達したとする．第 2 の媒質中では，まず C 点で 2 次波が発生し，平面波が E 点に到達するまでに半径 $c\Delta t/n_2$ の球面波になっている．CE 間の各点でも C よりも少しずつ遅れて入射光が到達するので，それによって 2 次波が発生する．それらの波面の包絡面が波面 EF を作る．ここで，∠ACD と ∠CFE は直角であることから，∠ECD $= \theta_1$，∠CEF $= \theta_2$ であることがわかる．したがって，

$$\frac{\overline{\mathrm{DE}}}{\overline{\mathrm{CF}}} = \frac{c\Delta t/n_1}{c\Delta t/n_2} = \frac{\overline{\mathrm{CE}}\sin\theta_1}{\overline{\mathrm{CE}}\sin\theta_2}$$

となる．したがって，

$$n_1 \sin\theta_1 = n_2 \sin\theta_2$$

となり，スネルの屈折の法則が成り立つことがわかる．

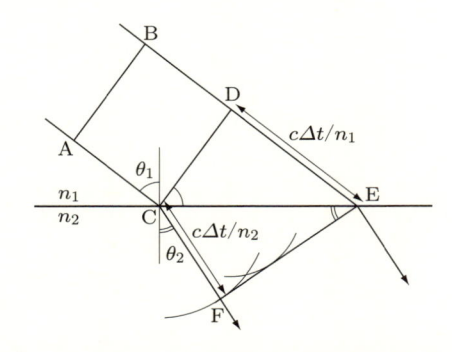

図 7.2 ホイヘンスの原理による屈折の法則の説明

7.2 フレネル−キルヒホッフの式

フレネルはホイヘンスの原理を定式化し,さらにキルヒホッフは,波動方程式の厳密解を求め,回折の現象を説明した.

この結果によると,図 7.3 のように,開口に波長 λ の平面波が入射したとして,開口の後方の点 P における回折波の振幅は,

$$u(P) = A \iint_S \frac{\exp(ikr)}{r} dS \tag{7.1}$$

で与えられる.ただし,A は定数で,r は開口上のある点 Q から観測点 P までの距離,また,$k = 2\pi/\lambda$ とする.これをフレネル−キルヒホッフの回折式という.この式によれば,ホイヘンスの原理による 2 次波は球面波 $\exp(ikr)/r$ で表され,その重ね合わせ(干渉)によって回折波の振幅が求められることがわかる.図 7.3 に従って,開口面の座標を (ξ, η),観測点の座標を (x, y),開口面から観測面までの距離を r_0 とすると,観測点 P における回折波の振幅は,

$$u(x,y) = A \iint_{-\infty}^{\infty} g(\xi, \eta) \frac{\exp(ikr)}{r} d\xi d\eta \tag{7.2}$$

と表すことができる.ただし,

$$g(\xi, \eta) = \begin{cases} 1 & (開口の中) \\ 0 & (開口の外) \end{cases} \tag{7.3}$$

である.この関数は開口の形を表すので,開口関数とよばれている.また,距離は,

$$r = \sqrt{r_0^2 + (x-\xi)^2 + (y-\eta)^2} \tag{7.4}$$

である.

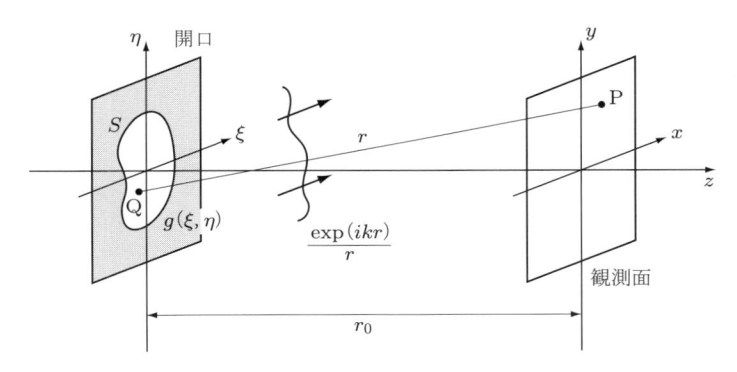

図 7.3 回折計算のための配置

7.3 フレネル回折

ここで，距離 r_0 よりも，開口の大きさや，観測領域 (x や y の大きさ) は小さいとすると，次のような近似が成立する．

$$r = \sqrt{r_0^2 + (x-\xi)^2 + (y-\eta)^2} = r_0\sqrt{1 + \frac{(x-\xi)^2 + (y-\eta)^2}{r_0^2}}$$

$$\approx r_0 + \frac{1}{2}\frac{(x-\xi)^2 + (y-\eta)^2}{r_0} - \frac{1}{8}\frac{\{(x-\xi)^2 + (y-\eta)^2\}^2}{r_0^3} + \cdots \quad (7.5)$$

回折の式 (7.2) では，距離 r の変化に対して $\exp(ikr)$ の項がもっとも変化が大きいので，式 (7.5) の第 2 項までで距離を近似すると，

$$r = r_0 + \frac{1}{2}\frac{(x-\xi)^2 + (y-\eta)^2}{r_0} \quad (7.6)$$

となる．この近似をとった回折を，フレネル回折という．フレネル回折の式は，

$$u(x,y) = A\frac{\exp(ikr_0)}{r_0}\iint_{-\infty}^{\infty} g(\xi,\eta)\exp\left[\frac{i\pi}{\lambda r_0}\{(x-\xi)^2 + (y-\eta)^2\}\right]d\xi d\eta \quad (7.7)$$

である．ただし，積分内では距離 r の変化は少なく，積分に対しては影響が無視できるので，$1/r_0$ として積分の外に出した．

7.3.1 ナイフエッジのフレネル回折

もっとも簡単なフレネル回折であるナイフエッジの回折を考えよう．いま，$\xi > 0$ の部分が開いているとする．ナイフエッジの後方における振幅は，式 (7.7) より，定数項を無視して，

$$u(x) = \int_0^{\infty} \exp\left\{\frac{i\pi}{\lambda r_0}(x-\xi)^2\right\}d\xi \quad (7.8)$$

で与えられる．

この積分を計算するには，次のような積分

$$\phi(x) = \int_{\xi_1}^{\xi_2} \exp\left\{\frac{i\pi}{\lambda r_0}(x-\xi)^2\right\}d\xi \quad (7.9)$$

を考える．まず，

$$\alpha = \sqrt{\frac{2}{\lambda r_0}}(x-\xi) \quad (7.10)$$

とおき，さらに，

$$\alpha_1 = \sqrt{\frac{2}{\lambda r_0}}(x-\xi_1), \qquad \alpha_2 = \sqrt{\frac{2}{\lambda r_0}}(x-\xi_2) \quad (7.11)$$

とすると，

$$\phi(x) = \sqrt{\frac{\lambda r_0}{2}} \int_{\alpha_2}^{\alpha_1} \exp\left(\frac{i\pi\alpha^2}{2}\right) d\alpha$$

$$= \sqrt{\frac{\lambda r_0}{2}} \int_{\alpha_2}^{\alpha_1} \left\{\cos\left(\frac{\pi\alpha^2}{2}\right) + i\sin\left(\frac{\pi\alpha^2}{2}\right)\right\} d\alpha$$

$$= \sqrt{\frac{\lambda r_0}{2}} \left[\{C(\alpha_1) - C(\alpha_2)\} + i\{S(\alpha_1) - S(\alpha_2)\}\right] \quad (7.12)$$

と表すことができる．ただし，

$$C(\alpha) = \int_0^\alpha \cos\left(\frac{\pi\alpha^2}{2}\right) d\alpha \quad (7.13)$$

$$S(\alpha) = \int_0^\alpha \sin\left(\frac{\pi\alpha^2}{2}\right) d\alpha \quad (7.14)$$

である．この両積分を，フレネル積分という．フレネル積分を計算するには，いろいろな数値計算プログラムを利用することができる．フレネル積分は，$\alpha = 0$ のとき $C = S = 0$，$\alpha = \pm\infty$ のとき $C = S = \pm 1/2$ である．

ここで，式 (7.8) の積分に戻ると，

$$u(x) = \int_0^\infty \exp\left\{\frac{i\pi}{\lambda r_0}(x-\xi)^2\right\} d\xi$$

$$= \sqrt{\frac{\lambda r_0}{2}} \int_{\alpha_0}^{-\infty} \left\{\cos\left(\frac{\pi\alpha^2}{2}\right) + i\sin\left(\frac{\pi\alpha^2}{2}\right)\right\} d\alpha$$

$$= \sqrt{\frac{\lambda r_0}{2}} \left[\left\{-\frac{1}{2} - C\left(\sqrt{\frac{2}{\lambda r_0}}x\right)\right\} + i\left\{-\frac{1}{2} - S\left(\sqrt{\frac{2}{\lambda r_0}}x\right)\right\}\right] \quad (7.15)$$

となる．ただし，

$$\alpha_0 = \sqrt{\frac{2}{\lambda r_0}} x \quad (7.16)$$

である．また，その強度分布は，

$$I(x) = |u|^2 = I_0 \left[\left\{C\left(\sqrt{\frac{2}{\lambda r_0}}x\right) + \frac{1}{2}\right\}^2 + \left\{S\left(\sqrt{\frac{2}{\lambda r_0}}x\right) + \frac{1}{2}\right\}^2\right] \quad (7.17)$$

となる．ただし，

$$I_0 = |u(x \to \infty)|^2 = \lambda r_0 \quad (7.18)$$

である．これを図示すると，図 7.4 が得られる．ナイフエッジの影に対応する部分

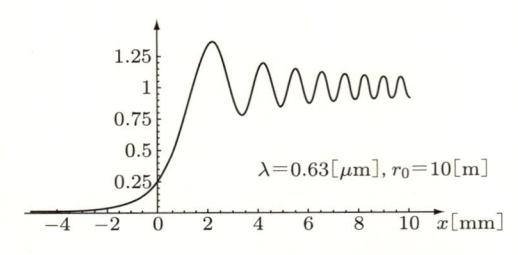

図 7.4 ナイフエッジのフレネル回折像の強度分布

波長は $\lambda = 630$ [nm], ナイフエッジから観測面までの距離は $r_0 = 10$ [m].

($x < 0$) にも光が回り込む様子がわかる．影でない部分は，エッジに平行な縞模様ができる．

7.3.2 スリットのフレネル回折

スリットのフレネル回折も同様に計算できる．計算例を，図 7.5 に示す．スリット面に近い位置においては，その回折像は，スリットの内側にあたる部分に細かな縞模様が現れるが，観測位置が遠ざかるに従って徐々に縞模様は粗くなり，最後には中央部分のみが明るくなる．また，縞の間隔は広がり，その明るさも中央部分よりもはるかに暗くなる．

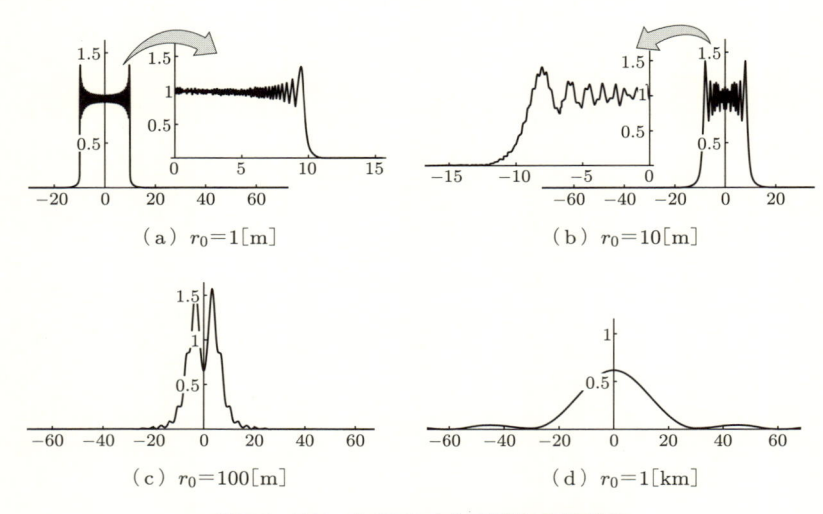

図 7.5 スリットのフレネル回折像の強度分布

波長は $\lambda = 630$ [nm], スリット幅は 20 [mm], スリットから観測面までの距離について示した．

7.3.3 円形開口のフレネル回折

円形開口の回折計算では，図 7.6 に示すように座標系を極座標にとる必要がある．すなわち，

$$\xi = \zeta \cos \theta, \qquad \eta = \zeta \sin \theta \tag{7.19}$$

$$x = \rho \cos \phi, \qquad y = \rho \sin \phi \tag{7.20}$$

とすると，式 (7.7) は，開口の半径を R として

$$\begin{aligned}
u(\rho, \phi) &= A \frac{\exp(ikr_0)}{r_0} \\
&\quad \times \int_0^R \int_0^{2\pi} \exp\left[\frac{i\pi}{\lambda r_0}\{(\rho\cos\phi - \zeta\cos\theta)^2 + (\rho\sin\phi - \zeta\sin\theta)^2\}\right] \zeta \, d\zeta d\theta \\
&= A \frac{\exp(ikr_0)}{r_0} \exp\left(\frac{i\pi \rho^2}{\lambda r_0}\right) \\
&\quad \times \int_0^R \int_0^{2\pi} \exp\left(\frac{i\pi \zeta^2}{\lambda r_0}\right) \exp\left[-\frac{i2\pi}{\lambda r_0}\{\zeta\rho\cos(\theta-\phi)\}\right] \zeta \, d\zeta d\theta
\end{aligned} \tag{7.21}$$

となる．ここで，付録の式 (A.4) から，

$$J_0(z) = \frac{1}{2\pi} \int_0^{2\pi} \exp(iz\cos\alpha) \, d\alpha \tag{7.22}$$

の関係があることに注目する．$J_0(z)$ は 0 次のベッセル関数とよばれている．したがって，

$$u(\rho) = A \frac{\exp(ikr_0)}{r_0} \exp\left(\frac{i\pi \rho^2}{\lambda r_0}\right) \int_0^R \exp\left(\frac{i\pi \zeta^2}{\lambda r_0}\right) 2\pi J_0\left(\frac{2\pi \zeta \rho}{\lambda r_0}\right) \zeta \, d\zeta \tag{7.23}$$

となり，さらに適当な変数変換を行うと，次式となる．

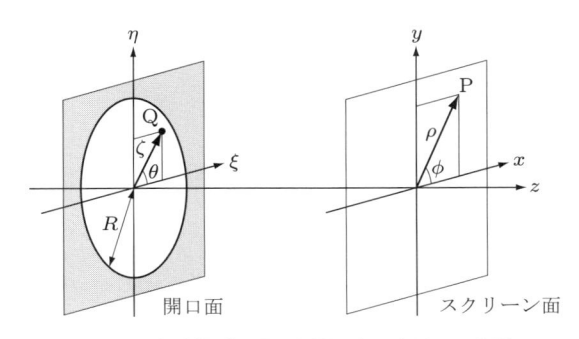

図 7.6 極座標系で示した開口とスクリーン座標

$$u(\rho) = 2\pi A R^2 \frac{\exp(ikr_0)}{r_0} \exp\left(\frac{i\pi\rho^2}{\lambda r_0}\right) \int_0^1 \exp\left(i\frac{\pi R^2}{\lambda r_0}\zeta^2\right) J_0\left(\frac{2\pi R\rho\zeta}{\lambda r_0}\right) \zeta \,\mathrm{d}\zeta \quad (7.24)$$

これが，円形開口のフレネル回折像の振幅分布である．円形開口のフレネル回折像の強度分布とその断面分布を，図 7.7 に示す．

（a） $r_0 = 0.04 \,[\mathrm{m}]$

（b） $r_0 = 0.25 \,[\mathrm{m}]$

（c） $r_0 = 2 \,[\mathrm{m}]$

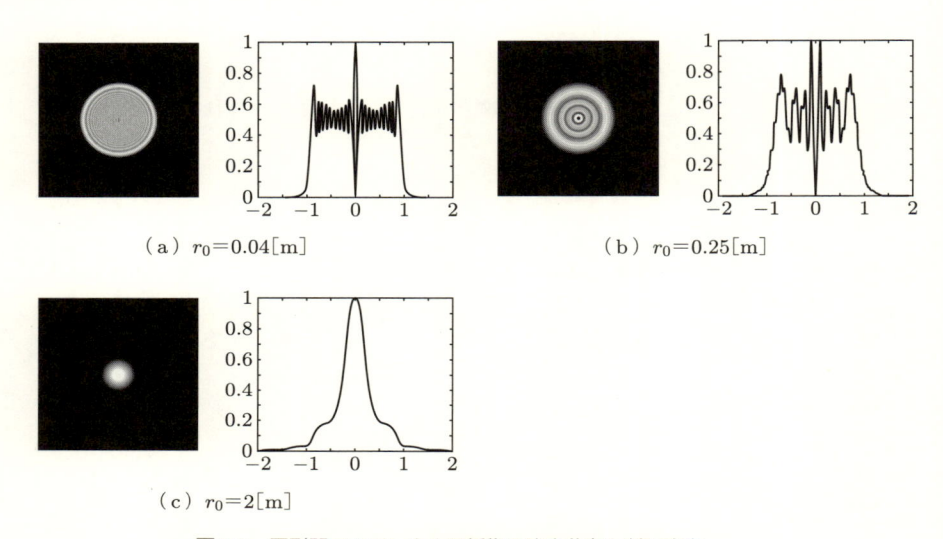

図 7.7 円形開口のフレネル回折像の強度分布と断面強度

円形開口の半径 $R = 1$ [mm]，波長 $\lambda = 500$ [nm]．開口から観測面までの距離について示した．

7.4 フラウンホーファー回折

フレネル回折の状態よりも，さらに開口面と観測面との距離 r_0 が大きくなると，ξ と η の 2 乗の項が無視できて，式 (7.6) は

$$r = r_0 + \frac{1}{2}\frac{(x-\xi)^2 + (y-\eta)^2}{r_0} \approx r_0 - \frac{x\xi + y\eta}{r_0} + \frac{x^2 + y^2}{2r_0} \quad (7.25)$$

と近似できる．このときの回折式は，

$$u(x,y) = A\frac{\exp(ikr_0)}{r_0}\exp\left\{\frac{i\pi(x^2+y^2)}{\lambda r_0}\right\}\iint_{-\infty}^{\infty} g(\xi,\eta)\exp\left\{-\frac{i2\pi}{\lambda r_0}(x\xi + y\eta)\right\}\mathrm{d}\xi\mathrm{d}\eta \quad (7.26)$$

となる．この状態の回折を，フラウンホーファー回折という．

フラウンホーファー回折式 (7.26) は，積分の前にある位相項を除けば，式 (5.101) のフーリエ変換の式に一致する事に注意してほしい．ここで，空間周波数は，

$$\nu_x = \frac{\xi}{\lambda r_0} \qquad \nu_y = \frac{\eta}{\lambda r_0} \tag{7.27}$$

で与えられる．このことから，フラウンホーファー回折の振幅分布は，開口関数のフーリエ変換に比例することがわかる．つまり，フラウンホーファー回折によって2次元のフーリエ変換が計算できる．

7.4.1 スリットのフラウンホーファー回折

幅 w のスリット開口のフラウンホーファー回折像を計算してみよう．フラウンホーファー回折は，式 (7.26) より，1次元の計算であることを考慮して，

$$\begin{aligned}
u(x) &= C' \int_{-w/2}^{w/2} \exp\left(-i\frac{2\pi}{\lambda r_0} x\xi\right) \mathrm{d}\xi \\
&= C' \left[\frac{\exp(-i\frac{2\pi}{\lambda r_0} x\xi)}{-i\frac{2\pi}{\lambda r_0} x}t\right]_{-w/2}^{w/2} = C' \frac{\exp(-i\frac{2\pi}{\lambda r_0}\frac{w}{2}x) - \exp(i\frac{2\pi}{\lambda r_0}\frac{w}{2}x)}{-i\frac{2\pi}{\lambda r_0} x} \\
&= C' w \frac{\sin\frac{\pi w}{\lambda r_0} x}{\frac{\pi w}{\lambda r_0} x}
\end{aligned} \tag{7.28}$$

となる．ただし，

$$C' = A\frac{\exp(ikr_0)}{r_0} \exp\left(\frac{i\pi x^2}{\lambda r_0}\right) \tag{7.29}$$

である．したがって，回折像の強度分布は，

$$I(x) = |u(x)|^2 = C'^2 w^2 \left(\frac{\sin\frac{\pi w}{\lambda r_0} x}{\frac{\pi w}{\lambda r_0} x}\right)^2 \tag{7.30}$$

となる．これを図示すると，図 7.8 になる．回折像の強度分布は

$$\frac{\pi w x}{\lambda r_0} = m\pi, \qquad m = \pm 1, \pm 2, \cdots \tag{7.31}$$

で 0 となり，等間隔で暗部が現れる．中心の明部の大きさを回折の中心から最初の暗部までの距離とすると，

$$\Delta x = \frac{\lambda r_0}{w} \tag{7.32}$$

である．また，フラウンホーファー回折による角度広がりは，

$$\Delta \theta \approx \frac{\Delta x}{r_0} = \frac{\lambda}{w} \tag{7.33}$$

である．いずれも，スリット幅に反比例し，波長に比例する．

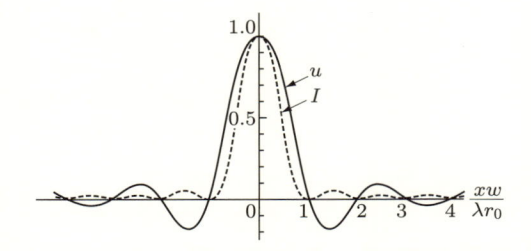

図 7.8 スリット開口 (幅 w) のフラウンホーファー回折 (振幅と強度)

7.4.2 矩形開口のフラウンホーファー回折

幅が w_x, w_y の矩形開口の場合には，式 (7.26) より，

$$u(x,y) = A\frac{\exp(ikr_0)}{r_0} \exp\left\{\frac{i\pi(x^2+y^2)}{\lambda r_0}\right\} \int_{-w_x/2}^{w_x/2} \int_{-w_y/2}^{w_y/2} \exp\left\{-\frac{i2\pi}{\lambda r_0}(x\xi + y\eta)\right\} d\xi d\eta \tag{7.34}$$

となる．ここで，

$$C'' = A\frac{\exp(ikr_0)}{r_0} \exp\left\{\frac{i\pi(x^2+y^2)}{\lambda r_0}\right\} \tag{7.35}$$

として，

$$u(x,y) = C'' w_x w_y \frac{\sin\frac{\pi w_x}{\lambda r_0}x}{\frac{\pi w_x}{\lambda r_0}x} \cdot \frac{\sin\frac{\pi w_y}{\lambda r_0}y}{\frac{\pi w_y}{\lambda r_0}y} \tag{7.36}$$

となる．回折像の強度分布は，

$$I(x,y) = |u(x,y)|^2 \tag{7.37}$$

である．これを図示すると，図 7.9 になる．矩形開口の横幅は縦幅の 1/2 であるとした．回折像の広がりは，開口幅に反比例するので，回折像は横に広がっている．

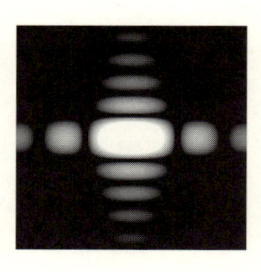

図 7.9 矩形開口のフラウンホーファー回折像

例題 7.2　図 7.10 のように，幅が w の矩形開口が間隔 d で二つ並んでいる．この複開口のフラウンホーファー回折像を求めよ．ただし，$d > w$ であるとせよ．

解答　回折像の振幅分布を計算すると，式 (7.26) より，

$$u(x,y) = C'' \iint_{-\infty}^{\infty} g(\xi, \eta) \exp\left\{-\frac{i2\pi}{\lambda r_0}(x\xi + y\eta)\right\} d\xi d\eta$$

$$= C'' \left\{ \int_{-d/2-w/2}^{-d/2+w/2} \exp\left(-\frac{i2\pi}{\lambda r_0}x\xi\right) d\xi \int_{-w/2}^{w/2} \exp\left(-\frac{i2\pi}{\lambda r_0}y\eta\right) d\eta \right.$$

$$\left. + \int_{d/2-w/2}^{d/2+w/2} \exp\left(-\frac{i2\pi}{\lambda r_0}x\xi\right) d\xi \int_{-w/2}^{w/2} \exp\left(-\frac{i2\pi}{\lambda r_0}y\eta\right) d\eta \right\}$$

$$= C'' \left\{ \left[\frac{\exp\left(-\frac{i2\pi}{\lambda r_0}x\xi\right)}{-\frac{i2\pi}{\lambda r_0}x}\right]_{-d/2-w/2}^{-d/2+w/2} \cdot \left[\frac{\exp\left(-\frac{i2\pi}{\lambda r_0}y\eta\right)}{-\frac{i2\pi}{\lambda r_0}y}\right]_{-w/2}^{w/2} \right.$$

$$\left. + \left[\frac{\exp\left(-\frac{i2\pi}{\lambda r_0}x\xi\right)}{-\frac{i2\pi}{\lambda r_0}x}\right]_{d/2-w/2}^{d/2+w/2} \cdot \left[\frac{\exp\left(-\frac{i2\pi}{\lambda r_0}y\eta\right)}{-\frac{i2\pi}{\lambda r_0}y}\right]_{-w/2}^{w/2} \right\}$$

$$= C'' \left\{ \frac{\sin\frac{\pi w}{\lambda r_0}x}{\frac{\pi}{\lambda r_0}x} \cdot \frac{\sin\frac{\pi w}{\lambda r_0}y}{\frac{\pi}{\lambda r_0}y} \exp\left(\frac{i\pi d}{\lambda r_0}x\right) \right.$$

$$\left. + \frac{\sin\frac{\pi w}{\lambda r_0}x}{\frac{\pi}{\lambda r_0}x} \cdot \frac{\sin\frac{\pi w}{\lambda r_0}y}{\frac{\pi}{\lambda r_0}y} \exp\left(-\frac{i\pi d}{\lambda r_0}x\right) \right\}$$

$$= 2C'' w^2 \frac{\sin\frac{\pi w}{\lambda r_0}x}{\frac{\pi w}{\lambda r_0}x} \cdot \frac{\sin\frac{\pi w}{\lambda r_0}y}{\frac{\pi w}{\lambda r_0}y} \cdot \cos\left(\frac{\pi d}{\lambda r_0}x\right) \tag{7.38}$$

となる．この回折像の強度分布の例を，図 7.11 に示す．

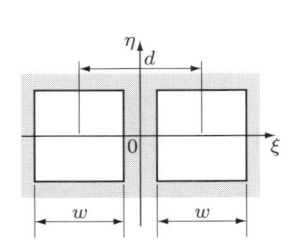

図 7.10　複矩形開口

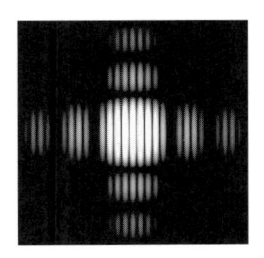

図 7.11　複矩形開口のフラウンホーファー回折像

7.4.3 円形開口のフラウンホーファー回折

円形開口の場合には，開口が回転対称であるので，再び極座標系で考えよう．式 (7.21) で ζ^2 項を無視すると，フラウンホーファー回折の式 (7.26) は，次式となる．

$$u(\rho, \phi) = C'' \int_0^R \int_0^{2\pi} \exp\left\{-i\frac{2\pi}{\lambda r_0}\zeta\rho\cos(\theta - \phi)\right\} \zeta \, d\zeta d\theta \tag{7.39}$$

ここで，付録の式 (A.4) から，0 次のベッセル関数 $J_0(z)$ を用いて，

$$u(\rho) = 2C''\pi \int_0^R J_0\left(\frac{2\pi\zeta\rho}{\lambda r_0}\right) \zeta \, d\zeta \tag{7.40}$$

となる．また，公式

$$\frac{d}{dz}\{zJ_1(z)\} = zJ_0(z) \tag{7.41}$$

を使うと，積分ができて，フラウンホーファー回折の振幅分布は，

$$u(\rho_0) = C''\pi R^2 \frac{2J_1\left(\frac{2\pi R\rho_0}{\lambda r_0}\right)}{\frac{2\pi R\rho_0}{\lambda r_0}} \tag{7.42}$$

となる．強度分布は，

$$I(\rho_0) = |u(\rho_0)|^2 \tag{7.43}$$

である．

これを図示すると，図 7.12 が得られる．回折強度の大部分は，最初の零点を半径とする円内にある．これをエアリー (Airy) の円盤という．エアリーの円盤の大きさを円盤の半径 $\Delta\rho_0$ で表すと，開口の直径を $D = 2R$ として，

$$\Delta\rho_0 = 1.22\frac{\lambda r_0}{D} \tag{7.44}$$

である．また，円形開口の回折角度広がり $\Delta\theta$ は，

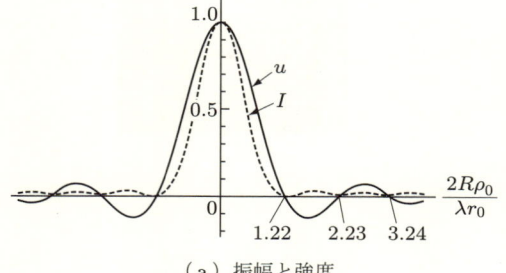

（a）振幅と強度 　　　　　　　　　（b）回折像

図 7.12 円形開口のフラウンホーファー回折

$$\Delta\theta = 1.22\frac{\lambda}{D} \tag{7.45}$$

である.

例題 7.3 図 2.8 で述べた,アポロ 11 号によって月に設置されたコーナーキューブに,地球からレーザービームを照射する場合を考えてみよう.いま,波長 488 [nm] のレーザービームの直径を望遠鏡で 1 [m] に拡大して照射したとき,月の表面でレーザービームはどのくらい広がるか.地球と月の間の距離は $r_0 = 384000$ [km] であるとせよ.

解答 月面上でのビーム広がりは,式 (7.44) を用いて,

$$\Delta x = \Delta\rho_0 \times 2 = 1.22 \times \frac{488 \cdot 10^{-9} \times 3.84 \cdot 10^8}{1} \times 2 = 457 \text{ [m]}$$

である.

例題 7.4 ピンホールカメラで像がもっとも鮮明に写るための条件を考えてみよう.もっとも簡単な場合として,点光源の像を考える.図 7.13 に示すような配置において,像がもっとも鮮明に写るためには,ピンホールの直径 $D = \sqrt{2.44\lambda af/(f+a)}$ である必要がある.このことを示すために,次の問いに答えよ.ただし,λ は光の波長,a は点光源からピンホールまでの距離,f はピンホールから写真フィルムまでの距離である.
(1) フィルムにできる点物体の幾何学的な像の直径 $b = D(a+f)/a$ であることを示せ.
(2) 回折により像はぼける.回折による像の広がり角が $1.22\lambda/D$ であることを用いると,像の大きさは $c = D(a+f)/a + 2.44\lambda f/D$ であることを示せ.
(3) 最小の像を得る条件を求めよ.

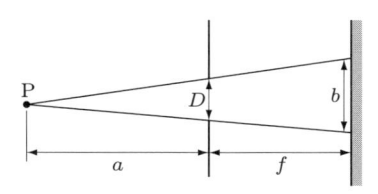

図 7.13 ピンホールカメラの構造

解答 (1) 三角形の相似則から,像の大きさを x として,

$$D : a = b : (a+f)$$

である.したがって,次式となる.

$$b = \frac{D(a+f)}{a}$$

(2) 幾何学的な像の大きさは b であり，その外側に回折で広がる幅は，$1.22\lambda f/D$ であるので，全体の像の大きさは，次式となる．

$$c = \frac{D(a+f)}{a} + \frac{1.22\lambda f}{D} \times 2$$

(3) c を D で微分して，

$$\frac{dc}{dD} = \frac{(a+f)}{a} - \frac{2.44\lambda f}{D^2} = 0$$

から，次式となる．

$$D = \sqrt{\frac{2.44\lambda a f}{f+a}}$$

図 7.14 にピンホール写真の一例を示す．

図 7.14 ピンホール写真

筆者の研究室の窓から．一眼レフディジタルカメラのレンズを取り外し，ボディキャップ（レンズを取り外したときにボディ内のミラーを守るプラスチックキャップ）の中心に孔を開け，ピンホール（市販品もあるが，アルミ箔に微小な穴を開けてもよい）を張り付ける．これをボディに取り付ければピンホールカメラの出来上がりである．ピンホール径 200 [μm]，露光時間 5 秒，ASA 感度 1600．

7.4.4 回折格子

回折格子は，等間隔の細い溝に光を当て，この光をスペクトルに分解する光学素子である．回折格子の構造は，多数の等間隔平行なスリット列と考えられるので，そのフラウンホーファー回折を計算するには，複スリットの配置で，スリットの数を増やし，開口幅を狭めていけばよい．いま，幅 w のスリットが N 個，間隔 d で並んでいるとする．間隔 d を格子定数という．複開口の場合と同様に考えると，フラウンホーファー回折の振幅分布は，式 (7.26) より，次式のようになる．

$$u(x) = C'\left\{\int_{-w/2}^{w/2} \exp\left(-i\frac{2\pi}{\lambda r_0}x\xi\right)\mathrm{d}\xi + \int_{-w/2+d}^{w/2+d} \exp\left(-i\frac{2\pi}{\lambda r_0}x\xi\right)\mathrm{d}\xi\right.$$

$$\left. + \int_{-w/2+2d}^{w/2+2d} \exp\left(-i\frac{2\pi}{\lambda r_0}x\xi\right)\mathrm{d}\xi + \cdots\right\}$$

$$= C'\left\{1 + \exp\left(-\frac{i2\pi dx}{\lambda r_0}\right) + \exp\left(-\frac{i4\pi dx}{\lambda r_0}\right) + \cdots\right\}\int_{-w/2}^{w/2} \exp\left(-i\frac{2\pi}{\lambda r_0}x\xi\right)\mathrm{d}\xi$$

$$= C'w \frac{1 - \exp\left(-i\frac{2\pi Ndx}{\lambda r_0}\right)}{1 - \exp\left(-i\frac{2\pi dx}{\lambda r_0}\right)} \frac{\sin\left(\frac{\pi w}{\lambda r_0}x\right)}{\frac{\pi w}{\lambda r_0}x} \tag{7.46}$$

この強度分布は,

$$I(x) = |u(x)|^2 = C'^2 w^2 \frac{\sin^2\left(\frac{\pi Ndx}{\lambda r_0}\right)}{\sin^2\left(\frac{\pi dx}{\lambda r_0}\right)} \frac{\sin^2\left(\frac{\pi w}{\lambda r_0}x\right)}{\left(\frac{\pi w}{\lambda r_0}x\right)^2} \tag{7.47}$$

となる. 回折格子のフラウンホーファー回折像の強度分布の一例として, $N = 10$, $d = 0.4w$ の場合を図 7.15 に示す. 図 (a) は, 図 (b) に示した一つのスリットの回折像 $\sin^2\left(\frac{\pi w}{\lambda r_0}x\right)\Big/\left(\frac{\pi w}{\lambda r_0}x\right)^2$ と, 図 (c) に示した多数のスリット列による効果 $\sin^2\left(\frac{\pi Ndx}{\lambda r_0}\right)\Big/\sin^2\left(\frac{\pi dx}{\lambda r_0}\right)$ との積である.

図 7.16 に, 異なるスリット数 N に対する $\sin^2\left(\frac{\pi Ndx}{\lambda r_0}\right)\Big/\sin^2\left(\frac{\pi dx}{\lambda r_0}\right)$ のプロットを示す. 溝の数が増えるに従い, 回折像の幅が狭まっていくことがわかる. 光軸上の回折

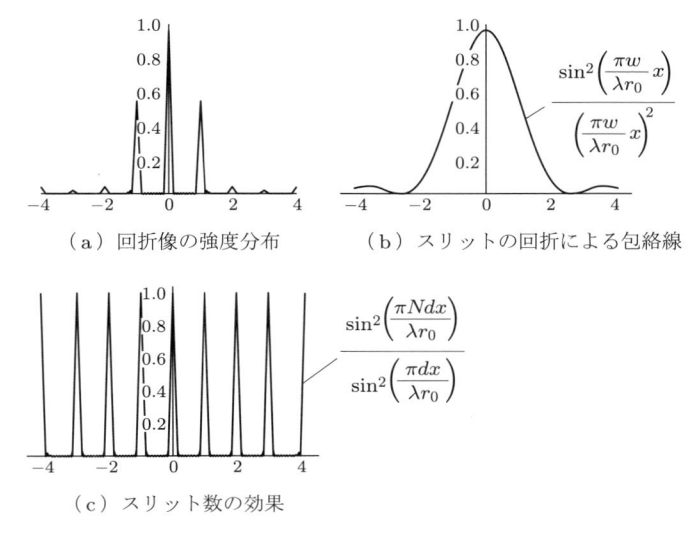

(a) 回折像の強度分布

(b) スリットの回折による包絡線

(c) スリット数の効果

図 7.15 回折格子のフラウンホーファー回折像の強度分布 ($N = 10$)

(a) $N=2$　(b) $N=5$

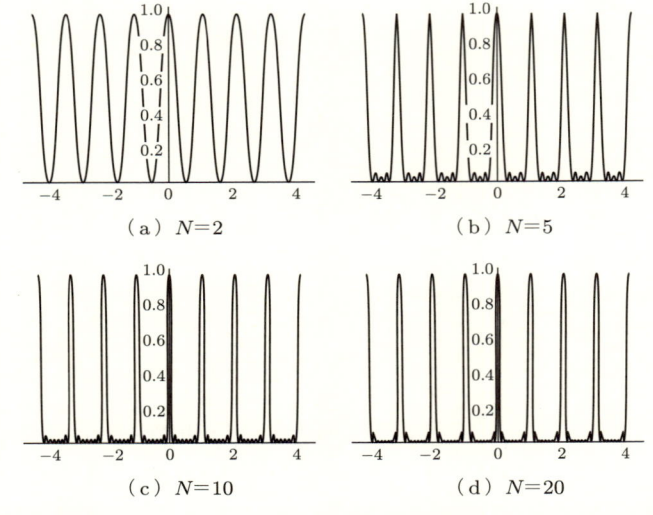

(c) $N=10$　(d) $N=20$

図 7.16　回折格子のフラウンホーファー回折像の強度分布におけるスリット数の効果

波は0次回折波，その一つ外側の回折波は±1次回折波，さらに外側の回折波は±2次回折波などとよばれる．スリットの数が N のとき，隣り合う主ピークの間に，強度0の点が $N-1$ 個現れ，したがって，副ピークは $N-2$ 個存在する．

ここで，m 次回折の進む方向を考えよう．回折格子から十分離れたスクリーン上で観測される m 次回折光の位置は，$\sin^2\left(\frac{\pi dx}{\lambda r_0}\right) = 0$ より，

$$\frac{\pi dx}{\lambda r_0} = m\pi \tag{7.48}$$

となる．したがって，$x = m\lambda r_0/d$ であるので，m 次回折光の回折角は，次式となる．

$$\theta_m = \frac{x}{r_0} = m\frac{\lambda}{d} \tag{7.49}$$

式 (7.49) の導出には，格子に対して垂直に光が入射し，回折角も小さいとした．しかし，現実にはこのような条件以外で回折格子が使用されることが多い．回折格子に入射角 θ_1 で入射する平行光が，角度 θ_2 方向に回折されるとした場合，回折角 θ_2 は，図 7.17 に示すように，各格子から回折される光が干渉する条件を考えることで求められる．格子 A で回折され角度 θ_2 方向に向かう光と，隣の格子 B で回折され同じ角度 θ_2 方向に向かう光の光路長差が，波長 λ の整数 m 倍であったとき，両方の光は干渉して，角度 θ_2 方向に伝播することができる．図 7.17 で，格子 A に入射する光線に対して格子 B から垂線 BD を下ろし，格子 B で回折される光波の進行方向に対して格子 A から垂線 AC を下ろす．格子 A と格子 B に入射する光の光路差は $\overline{\mathrm{DA}} = d\sin\theta_1$

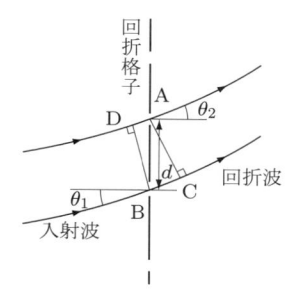

図 7.17 回折格子における入射角 θ_1 と回折角 θ_2

で,格子 A と格子 B で回折される光の光路差は $\overline{BC} = d\sin\theta_2$ であるので,干渉の条件から,回折角を決める式

$$d(\sin\theta_2 - \sin\theta_1) = m\lambda \qquad (m = 0, \pm 1, \pm 2, \cdots) \tag{7.50}$$

が得られる.

7.5 フレネルゾーンプレート

図 7.18 のように,平面上に同心円状に並んだ輪帯を考えよう.同心円の中心に立てた垂線上の点 P から各輪帯の半径までの距離が,$\lambda/2$ ずつ増えるようになっているとする.すなわち,観測点 P から輪帯の平面までの距離を r_0 とし,n 番目の輪帯の半径を r_n とすると,

$$r_n^2 + r_0^2 = (r_0 + n\lambda/2)^2$$
$$r_n \approx \sqrt{n\lambda r_0} \tag{7.51}$$

が成立している.ここで,隣り合う輪帯から点 P への寄与は,位相が π 異なるので,一つおきに輪帯を遮断すれば,残りの輪帯からの寄与はすべて同位相で強め合うことになる.このような同心円状の輪帯開口を,フレネルゾーンプレート (輪帯板) という (図 7.19).

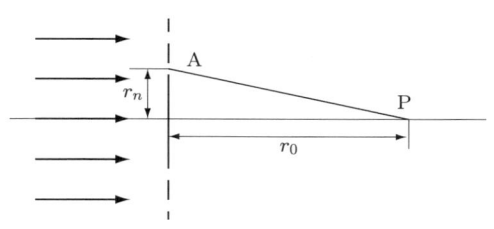

図 7.18 平面状のフレネル輪帯

図 7.19 フレネルゾーンプレート

フレネルゾーンプレートに平面波を当てると，点Pに集光する．すなわち，焦点距離が r_0 のレンズと同様の結像作用をもつ．

X線の領域ではレンズが作れないので，X線を吸収する鉛を材料としてフレネルゾーンプレートが作られ，結像素子として使われている．

◆ 7.6 分解能

収差のないレンズに平行光が入射したとき，幾何光学では焦点面に点像ができると考えた．しかし，光が波動であることを考慮すると，回折の現象により，点像は必ず広がりをもつ．レンズに入射した平行光は，レンズの口径内に入った光が焦点に集光する．無限遠にある点光源がレンズに入射するときには，平行光になりその像が焦点面にできると考えることができる．したがって，焦点面にできる像は，開口の大きさがレンズの口径に相当する円形開口のフラウンホーファー回折像であることがわかる．その振幅分布は，式 (7.42) で表されるエアリーの円盤であり，その半径は，式 (7.44) で与えられる．

さて，夜道を歩いているとき，遠くの自動車のライトをみると，はじめは一つの点に見えているが，車が近づくに従って徐々にライトが二つあることがわかってくる（図 7.20）．このようなことは，しばしば経験する事である．ここで，互いに接近した

図 7.20 自動車のライト

どのくらいの距離で二つに見えるのか？

二つの点光源の結像を考え，点光源が二つに分解して見える限界を考えてみよう．二つの点光源の像の強度分布を，図 7.21 と図 7.22 に示す．両者がだんだん接近していくと，回折像は重なり，もはや二つの回折像であるか一つの回折像であるか見わけがつかなくなる．二つの像であることが認識できる最小距離が，分解能を決める．レイリー (Rayleigh) はこの距離を，一方の回折像の零点からもう一方の回折像の中心までの距離，つまり，エアリー円盤の半径とした．これをレイリーの基準という．この状態では，二つの回折像間の光強度は，両回折像の強度の 74% になり，二つの点であると十分識別できる．したがって，分解能 Res は，レンズの焦点距離を f' とすれば，$r_0 = f'$ として，式 (7.44) より，

$$Res = 1.22 \frac{\lambda f'}{D} \tag{7.52}$$

となる．ただし，レンズの口径を D とした．分解能の逆数を，解像力 $R_P = 1/Res$ という．また，f'/D を F ナンバーという．

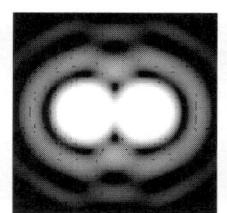

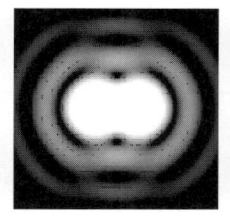

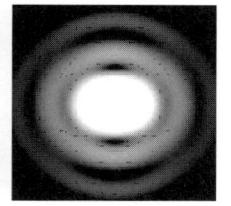

図 7.21 接近した点像分布

接近すると次第に二つの点に見えなくなる．左から，$d = 2\Delta\rho_0$, $1.5\Delta\rho_0$, $\Delta\rho_0$ (レイリーの基準)，$0.5\Delta\rho_0$．ただし，$\Delta\rho_0 = 1.22(\lambda r_0/D)$ である．

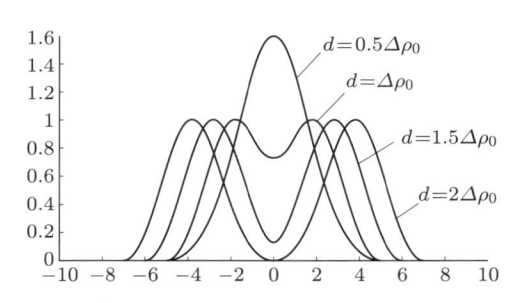

図 7.22 間隔の異なる 2 光源の強度分布

例題 7.5 光の波長を 500 [nm] として，次の問いに答えよ．
(1) 直径が 50 [mm]，焦点距離が 100 [mm] のレンズの分解能はいくらか．
(2) F ナンバーが 5.4 のレンズの解像力はいくらか．

解答 (1) 式 (7.52) より，次のようになる．

$$Res = 1.22\frac{\lambda f'}{D} = 1.22 \times \frac{500 \cdot 10^{-6} \times 100}{50} = 1.22 \times 10^{-3} = 1.2\ [\mu m]$$

(2) 分解能は，

$$Res = 1.22\frac{\lambda f'}{D} = 1.22\lambda F = 1.22 \times 500 \times 10^{-6} \times 5.4 = 3.29 \times 10^{-3}$$

したがって，解像力は次のようになる．

$$R_P = 1/Res = 304\ [l/mm]$$

7.7 ホログラフィ

物体からの回折波の複素振幅分布を記録再生する方法に，ホログラフィがある．通常の写真法では，物体の像の強度分布のみが記録され，波動の位相情報は記録できない．これに対しホログラフィは，物体から回折してくる物体光と参照光を干渉させ，干渉波の強度分布を記録する．記録された情報の中には，物体光の位相情報も記録されているので，物体形状の情報が失われずに記録され，立体像の再生も可能となる．

ホログラフィの記録光学系を，図 7.23 に示す．レーザー光を半透明鏡で二つに分け，一方は撮影したい物体を，もう一方は直接，記録媒体 (高解像度乾板など) を照明する．図 7.24(a) に示すように，物体から回折されて記録媒体面上に到達した物体光を $A(x,y)\exp\{i\phi_A(x,y)\}$ と表し，直接半透明鏡から来る参照光を $R\exp\{i\phi_R(x,y)\}$ とすると，記録媒体上では両者が干渉し，そのときの強度分布は

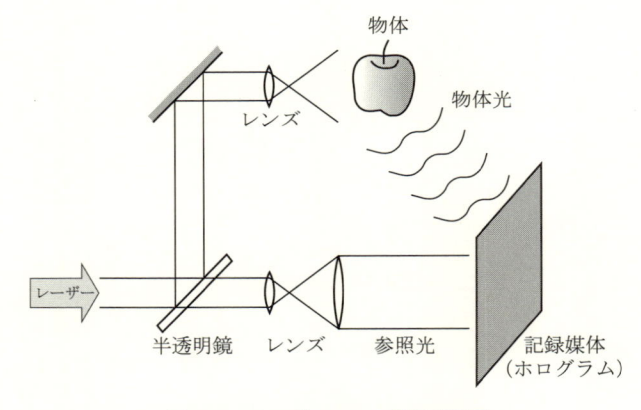

図 7.23 ホログラフィの記録光学系

7.7 ホログラフィ

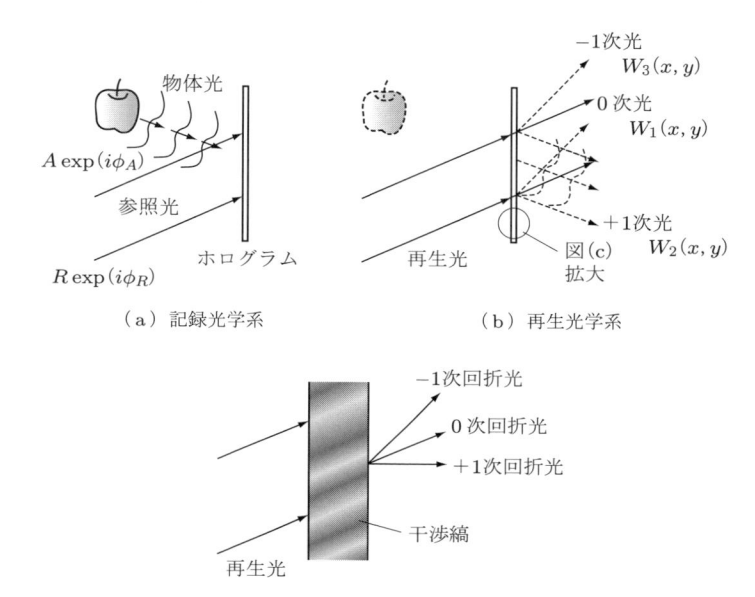

(a) 記録光学系

(b) 再生光学系

(c) ホログラムの拡大図と回折光の伝播方向

図 7.24 ホログラフィの原理

$$\begin{aligned}
I(x,y) &= \bigl|A(x,y)\exp\{i\phi_A(x,y)\} + R\exp\{i\phi_R(x,y)\}\bigr|^2 \\
&= A(x,y)^2 + R^2 + A(x,y)R\exp\bigl[i\{\phi_A(x,y) - \phi_R(x,y)\}\bigr] \\
&\quad + A(x,y)R\exp\bigl[-i\{\phi_A(x,y) - \phi_R(x,y)\}\bigr] \\
&= A(x,y)^2 + R^2 + 2A(x,y)R\cos\{\phi_A(x,y) - \phi_R(x,y)\} \quad (7.53)
\end{aligned}$$

であり，干渉縞が記録される．このようにして干渉縞が記録された媒体をホログラムという．ホログラムの振幅透過率分布 $t(x,y)$ は，記録された干渉縞の強度分布に比例するとすると，

$$\begin{aligned}
t(x,y) &= t_0 + \gamma I(x,y) \\
&= t_0 + \gamma\{A(x,y)^2 + R^2\} + 2\gamma A(x,y)R\cos\{\phi_A(x,y) - \phi_R(x,y)\} \quad (7.54)
\end{aligned}$$

となる．ホログラムには，物体の振幅情報 $A(x,y)$ ばかりでなく，位相情報 $\phi_A(x,y)$ も記録されていることがわかる．

この振幅と位相情報を光波として再現するためには，図 7.24(b) に示すように，ホログラムに記録のときに用いた参照光 (これを再生光という) を照射すればよい．このときホログラムを透過してくる光波は，次のように表される．

$$t(x,y) \cdot R\exp\{i\phi_R(x,y)\} = W_1(x,y) + W_2(x,y) + W_3(x,y) \tag{7.55}$$

ただし，

$$W_1(x,y) = R\bigl[t_0 + \gamma\{A(x,y)^2 + R^2\}\bigr]\exp\{i\phi_R(x,y)\} \tag{7.56}$$

$$W_2(x,y) = \gamma A(x,y)R^2\exp\{i\phi_A(x,y)\} \tag{7.57}$$

$$W_3(x,y) = \gamma A(x,y)R^2\exp\{-i\phi_A(x,y) + 2i\phi_R(x,y)\} \tag{7.58}$$

である．ホログラムの透過光の式 (7.55) で，第 1 項 $W_1(x,y)$ は，0 次光とよばれ，位相が再生光と同じであるので，図 7.24(c) のように，再生光と同じ方向にホログラムを突き抜ける光である．第 2 項 $W_2(x,y)$ は，+1 次光とよばれ，物体と同じ振幅位相成分をもっているので，ホログラムを覗き込んでこの光波を見ると，あたかも物体がもとの位置にあるように見える．第 3 項 $W_3(x,y)$ は，−1 次光とよばれ，物体の位相と反対符号の位相成分と，再生光の位相の 2 倍の成分をもっている．0 次光に対して +1 次光と反対の方向に進み，その波面の形状は元の物体と凹凸が反対である．これを位相共役波という．

ホログラムは，立体像の記録と再生に使われるばかりでなく，複製には特殊な技術が必要であるため，偽造防止の目的で，紙幣やクレジットカードにも使われている．

◆ 演習問題 ◆

[7.1] 波長が 630 [nm] のレーザー光を，複スリット (スリット間隔は 1 [mm]) に垂直に当て，2 [m] 後方で干渉縞を観測した．このときの干渉縞の間隔を求めよ．

[7.2] 幅 w のスリットのフレネル回折の式を，フレネル積分を使って表せ．

[7.3] 幅 w のスリットがあり，このスリットの中央より半分の透過率は 1 で，もう半分の透過率が −1 である (位相が π ずれている)．このスリットのフラウンホーファー回折像を求めよ．ただし，波長 λ の単色光で照明されているとする．

[7.4] 1 [mm] につき 420 本の線を刻んだ透過型の回折格子に，光を垂直に当てたところ，回折角 30°方向に 2 次の輝線が観測された．このときの光の波長を求めよ．

[7.5] 回折格子やプリズムに入射する光線の波長 λ が変わるとき，それに伴い回折角 θ が変わる割合を，角分散もしくは分散度という．いま，回折格子に光が垂直に入射したとき，回折格子の分散度を求めよ．ただし，回折角 θ は小さいとしてよい．

[7.6] 回折格子の波長分解能は $\lambda/\Delta\lambda = mN$ であることを導け．

[7.7] 人間の瞳の直径が 3 [mm] であるとし，明視の距離 250 [mm] にある二つの点は，最小どの間隔まで見わけられるか．ただし，光の波長は 500 [nm] とせよ．

[7.8] すばる望遠鏡は，主鏡の直径が 8.2 [m] である．この望遠鏡で，見わけることができる二つの星は，最小どれだけの角間隔であるか．光の波長は 500 [nm] とせよ．

第8章 光の偏り

　光波は横波であって，進行方向と直交する方向に電界と磁界が振動する．光波が z 軸方向に進んでいるときを考え，電界の振動に注目すると，電界は x 軸方向や y 軸方向に振動することができ，振動方向に自由度があることがわかる．磁界の振動に関しても同じである．マクスウェルの電磁波説によれば，電界と磁界は互いに直交しており，同位相で伝播することが示されている (図 5.7)．このように，電磁波を考えるときに，電界が波動として伝播する様子と，磁界が波動として伝播する様子は，振動方向が互いに直交していること以外はまったく同じである．したがって，本章までは光波として電界の振動のみを考えてきたのである．

　先ほど述べたように，3次元空間を伝播する電磁波の電界が振動する方向には二つの自由度がある．すなわち，z 方向に伝播する光波を考えると，その電界成分は，x 方向に振動することもできるし，y 方向にも振動できる．あるいは，この中間の方向にも振動成分をもつことが可能であるし，時間とともに振動方向が変化する場合も考えられる．このように，光波の振動する方向が規則的であることを，波動が偏光しているという．振動の方向が不規則である場合には，この光波は無偏光もしくは自然光であるという．

8.1 偏光の表し方

　均質な媒質中を，z 方向に平面波が進んでいるとしよう．この平面波の電界の振動方向は x と y 方向の成分をもつので，正弦平面波は，次のように表される．

$$\boldsymbol{E}(z,t) = \widehat{\boldsymbol{i}} E_x(z,t) + \widehat{\boldsymbol{j}} E_y(z,t) \tag{8.1}$$

ただし，$\widehat{\boldsymbol{i}}$, $\widehat{\boldsymbol{j}}$ は，x 方向と y 方向の単位ベクトルを表す．また，

$$E_x(z,t) = A_x \cos(kz - \omega t + \phi_x) \tag{8.2}$$

$$E_y(z,t) = A_y \cos(kz - \omega t + \phi_y) \tag{8.3}$$

は，x, y 方向の振動成分である．ここで，ϕ_x, ϕ_y は各成分の初期位相である．位相差は，

$$\delta = \phi_y - \phi_x \tag{8.4}$$

で表され，時間の経過に対して E_y は E_x よりも $\delta(>0)$ だけ遅れていることに注意する必要がある．

時間の変化とともに，ベクトル $\boldsymbol{E}$ の先端の軌跡はらせん状になるが，これを xy 面に投影すると，いわゆるリサジューを描く．式 (8.4) を用い，式 (8.2) と式 (8.3) から，

$$\left(\frac{E_x}{A_x}\right)^2 + \left(\frac{E_y}{A_y}\right)^2 - 2\frac{E_x E_y}{A_x A_y}\cos\delta = \sin^2\delta \tag{8.5}$$

が得られる．これがリサジューを表す式である．一般的に，この曲線は図 8.1 に示すような楕円である．

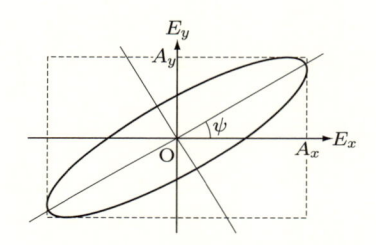

図 8.1 ベクトル $\boldsymbol{E}$ 先端の軌跡

この楕円を表すために，二つの角パラメーターが使われる．すなわち，方位角 $\psi(0 \leq \psi \leq \pi)$ と，楕円率角 $\chi(-\pi/4 \leq \chi \leq \pi/4)$ であり，次のように定義される．

$$\tan 2\psi = \frac{2A_x A_y}{A_x^2 - A_y^2}\cos\delta, \qquad 0 \leq \psi \leq \pi \tag{8.6}$$

$$\sin 2\chi = \frac{2A_x A_y}{A_x^2 + A_y^2}\sin\delta, \qquad -\pi/4 \leq \chi \leq \pi/4 \tag{8.7}$$

直線偏光

いま，$\delta = 0$ または $\pm 2\pi$ の整数倍の場合を考えよう．すると，式 (8.5) より，

$$\frac{E_x}{A_x} = \frac{E_y}{A_y} \tag{8.8}$$

となり，このとき振動は，

$$\boldsymbol{E}(z,t) = (\widehat{\boldsymbol{i}}A_x + \widehat{\boldsymbol{j}}A_y)\cos(kz - \omega t) \tag{8.9}$$

となり，振幅が $\widehat{\boldsymbol{i}}A_x + \widehat{\boldsymbol{j}}A_y$ に固定された振動となる．振動はある平面内に限られ，リサジューは x 軸に対して $\alpha = \tan^{-1}(A_y/A_x)$ だけ傾いた直線になるので，これを直線

偏光とよぶ．以後，振動方向が x 軸方向のものを水平直線偏光，y 軸方向のものを垂直直線偏光，x 軸から α だけ傾いたものを α 直線偏光とよぶことにする．

また，$\delta = \pm \pi$ の奇数倍の場合，式 (8.5) より，

$$\frac{E_x}{A_x} = -\frac{E_y}{A_y} \tag{8.10}$$

が得られ，振動は

$$\boldsymbol{E}(z,t) = (\widehat{\boldsymbol{i}} A_x - \widehat{\boldsymbol{j}} A_y) \cos(kz - \omega t) \tag{8.11}$$

となり，振幅が $\widehat{\boldsymbol{i}} A_x - \widehat{\boldsymbol{j}} A_y$ に固定された振動となる．これも直線偏光である．

円偏光

$\delta = 2m\pi \pm \pi/2$ のとき，式 (8.5) は，

$$\left(\frac{E_x}{A_x}\right)^2 + \left(\frac{E_y}{A_y}\right)^2 = 1 \tag{8.12}$$

となり，長軸と短軸を x 軸または y 軸とする楕円となる．

とくに，$A_x = A_y$ の場合には，リサジューは円になり，これを円偏光という．

いま，$\delta = \pi/2$ のときを考えよう．このときの振動成分は

$$E_x(z,t) = A_x \cos(kz - \omega t) \tag{8.13}$$
$$E_y(z,t) = -A_y \sin(kz - \omega t) \tag{8.14}$$

となり，振動は

$$\boldsymbol{E}(z,t) = \widehat{\boldsymbol{i}} A_x \cos(kz - \omega t) - \widehat{\boldsymbol{j}} A_y \sin(kz - \omega t) \tag{8.15}$$

となる．時間を固定して，ベクトル $\boldsymbol{E}$ の先端の軌跡を図示すると，図 8.2 になる．このらせんと xy 平面の交点を，光が向かってくる方向を向いて見るとする．このとき，このらせんが時間とともに z 方向に移動すると，この交点は反時計回りに回転して見える．この状態の偏光を，左回り円偏光という．同様な考えから，$\delta = -\pi/2$ の場合には，右回り円偏光である．

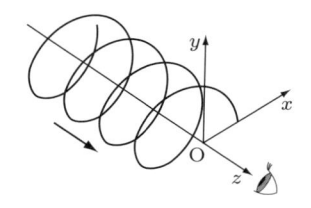

図 8.2 円偏光のベクトル $\boldsymbol{E}$ 先端の軌跡

楕円偏光

直線偏光や円偏光以外の場合には，ベクトル $\boldsymbol{E}$ の先端の軌跡は楕円を描くので，楕円偏光とよばれる．様々な偏光状態を，図 8.3 に示す．

(a) 直線偏光　　(b) 楕円偏光　　(c) 円偏光

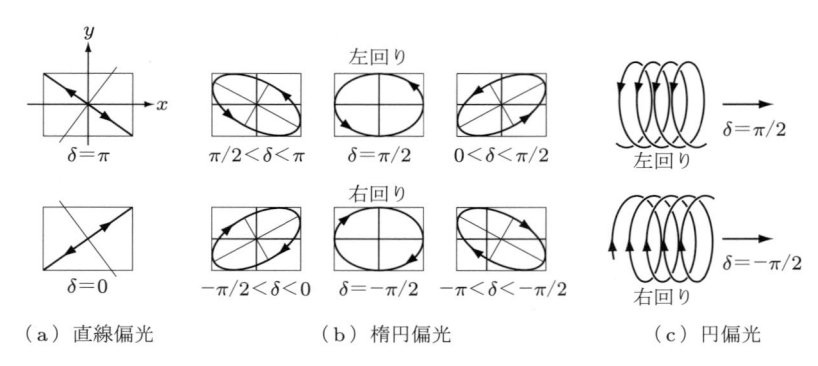

図 8.3 様々な偏光状態

例題 8.1 $A_x = 1$, $A_y = 0.75$ とする．$\delta = 0$, $\pi/4$, $\pi/2$, 3π, π のとき，それぞれリサジューを描き，時間の変化とともにベクトル $\boldsymbol{E}$ の先端の軌跡がどのように動くか調べよ．

解答
$$E_x(z,t) = \cos(-\omega t) = \cos(\omega t)$$
$$E_y(z,t) = 0.75\cos(-\omega t + \delta) = 0.75\cos(\omega t - \delta)$$

のリサジューを描けばよい (図 8.4)．

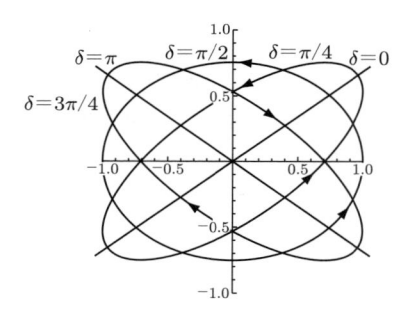

図 8.4 リサジュー図形

8.2 偏光子

無偏光の光から，偏光成分を取り出す素子を偏光子もしくは偏光板という．よく使われる偏光子に，ポラロイドフィルムがある．これは，高分子膜(ポリビニルアルコール)を延伸し，ヨードを含んだ色素液に漬けたものである．ヨード分子は延伸された方向に振動する電界成分を吸収するので，ポラロイド偏光子の透過軸は，延伸方向に垂直である．偏光子を用いると，図8.5のように透過軸方向に振動成分がある偏光のみを取り出すことができる．このほか，複屈折光学結晶を用いる偏光子などがある．

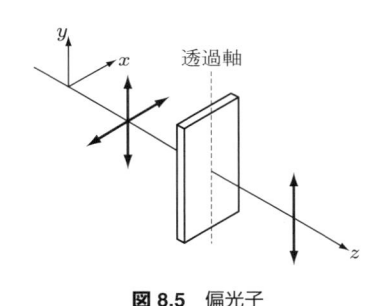

図 8.5 偏光子

8.3 偏光を変える素子

ある偏光状態の光を，別の偏光状態の光に変換する素子が必要になることが多い．たとえば，図8.6に示すように，振動方向が，x軸に対して45°方向である直線偏光に対して，y軸方向の振動に$\pi/2$の位相遅れを与える素子があるとしよう (このとき，x軸を速軸，y軸を遅軸という)．このとき，入射光は，$A_x = A_y = A$として，

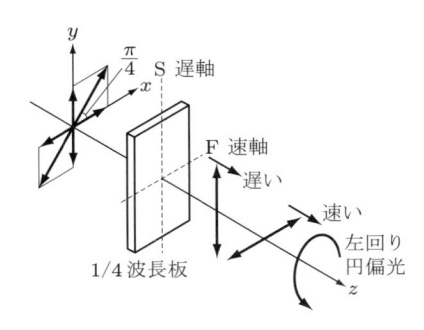

図 8.6 1/4 波長板

$$E_x(z,t) = A\cos(kz - \omega t) \tag{8.16}$$

$$E_y(z,t) = A\cos(kz - \omega t) \tag{8.17}$$

である．y 軸方向の振動に $\pi/2$ の位相遅れを与えると，

$$E_y(z,t) = A\cos(kz - \omega t + \pi/2) = -A\sin(kz - \omega t) \tag{8.18}$$

となり，左回り円偏光となる．このように，$\pi/2$ の位相遅れを与える素子を，1/4 波長板という．π の位相遅れを与える素子は，1/2 波長板とよばれる．振動方向が，x 軸に対して 45°方向である直線偏光に対して 1/2 波長板を置くと，透過波の振動方向は x 軸に対して $-45°$ 方向となる．

例題 8.2 式 (8.16)，(8.17) で表される振動方向が x 軸に対して 45°方向である直線偏光に対して，1/2 波長板を速軸を x 軸方向にして置くと，透過波の振動方向は x 軸に対して $-45°$ 方向となることを示せ．

解答 y 軸方向の振動に π の位相遅れを与えると，

$$E_y(z,t) = A\cos(kz - \omega t + \pi) = -A\cos(kz - \omega t)$$

となり，透過波の振動方向は x 軸に対して $-45°$ 方向となる．

8.4 異方性の媒質

方解石 (カルサイト，炭酸カルシウム ($CaCO_3$) の結晶) の下に物体を置いて上から見ると，この物体は 2 重に見える (図 8.7)．方解石を回転すると，2 重像の一方は動かないが，他方は回転とともに動いて見える．このことは，方解石の中では，光線が二つに分かれて進むことを示している．一方の光線は，通常の屈折の法則に従って進むので，常光線とよばれ，他方は，異常光線とよばれている．異常光線に対する屈折率

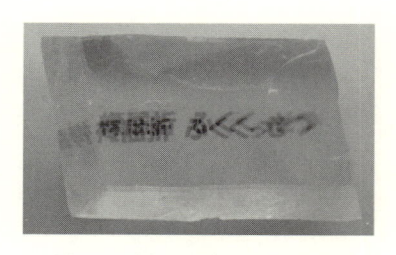

図 8.7 方解石を通して見た文字

は，常光線に対する屈折率とは異なるので，この結晶は二つの屈折率をもつことになる．この現象を，複屈折という．

複屈折を示す物質では，光の進行方向によって屈折率が異なる．これを異方性という．これに対して，ガラスや水などは，どの方向に対しても屈折率は変わらない．これを等方性という．複屈折性の物質としては，方解石のほかに，身近なものでは水晶，セロファンテープ，液晶などがある．

方解石でできる2重像をポラロイド偏光子を回転させながら通して見ると，交互に2重像の一方が消えて見える．つまり，常光線と異常光線は偏光していて，しかも偏光の振動方向は互いに直角であることがわかる．

方解石をくさび形に切り出し，これを接着用樹脂バルサムで2枚張り合わせる．方解石の屈折率は，589 [nm] の波長に対して，常光線では1.66，異常光線では1.49であり，バルサムの屈折率は両者の中間で1.54である．ある切り出し角では，図8.8のように，常光線を接合面で全反射させ，異常光線だけを透過させることができる．これをニコルプリズムという．ニコルプリズムは，高性能な偏光子として知られている．

また，複屈折性の結晶を特別な方向に切り出し，平行平面板を作ると，1/4波長板や1/2波長板を作ることができる．ある種の高分子膜によっても波長板が作られている．

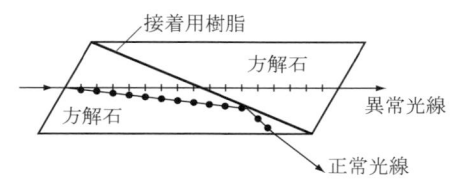

図 8.8 ニコルプリズム

8.5 液晶素子

液晶は，もっともなじみの深い異方性媒質である．液晶は，この異方性を電気的に変化させることができるので，液晶はいろいろな表示素子に利用されている．液晶は，細長い分子構造をしており，液体のように各分子は流動的に動くことができる．しかも結晶のように，規則的に配列する性質ももっている材料である．配列の仕方によって，図8.9のように，(a) 分子の方向だけがそろうネマティック液晶，(b) 方向がそろっている分子が層状に並列するスメクティック液晶，(c) 平板状に配列して層をなし，各層の並列方向が徐々にらせん状に変わるコレステリック液晶などがある．

ネマティック液晶を使った表示素子の例を，図8.10に示す．液晶は平行なガラス基板で挟まれ，さらに両側を透過軸が直交するようにして偏光板が挟んでいる．ガラス

(a) ネマティック液晶　(b) スメクティック液晶　(c) コレステリック液晶

図 8.9 液晶

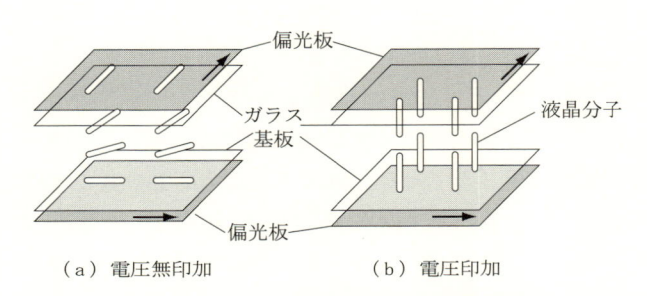

(a) 電圧無印加　(b) 電圧印加

図 8.10 ネマティック液晶による光透過の制御

基板の表面に配向処理を施すと，ネマティック液晶の向きを配向処理の方向にそろえることができる．対向するガラス基板の配向処理の方向を互いに直交させると，基板の間でネマティック液晶は 90°ねじれた状態になる．透過軸が直交するよう偏光板が配置されているので，液晶層で偏光の振動方向が 90°回転して，そのまま偏光板を透過させることができる．液晶に電圧を印加すると，ネマティック液晶は電極の方向に配向し，液晶を通過しても偏光は変化せず，偏光板で偏光は遮断される．つまり，液晶素子を透過光で見る場合，電圧を印加しない状態では明るく，印加した状態では暗くなる．このような原理で，液晶素子によって光の透過を制御して表示装置ができている．

◆ 演習問題 ◆

[8.1] カメラに偏光板を取り付け，これを 90°回転させて，同じ撮影条件で 2 枚の写真を撮る．次の物体を撮影するとき，像の明暗が異なって撮影されることがあるものはどれか．また，その理由を説明せよ．

(1) ビルの窓ガラス
(2) LED を光源とした信号機
(3) 夕日に輝く湖面
(4) 液晶テレビの画面

[8.2] 2枚のポラロイド板を重ね，一方を回転させながら，透過光がもっとも少なくなるようにする．次に，ガラス板にセロファンテープを何枚か貼り付けたものを作り，2枚のポラロイド板の間に挿入したところ，セロファンテープが貼ってある部分が明るく透過して見えた．この理由を説明せよ．

[8.3] 2枚の直線偏光子を重ね，自然光を当てる．一方の偏光子を回転させて透過光が最大になる状態を作り，次に，θ だけ回転すると，透過光強度は $1+\cos 2\theta$ に比例して変化することを示せ．

[8.4] 振動方向が x 軸に対して 45°方向である直線偏光に対して，速軸を y 軸方向にして 1/2 波長板を置くと，透過波の振動方向は x 軸に対して $-45°$ 方向となることを示せ．

[8.5] 図 8.11 のように，透過軸が x 軸に対して 45°方向にある直線偏光子と 1/4 波長板を組み合わせた円偏光子を，平面鏡の前に配置する．このとき，円偏光子を通過した光は，反射後，再び円偏光子を通過することができないことを示せ．このような原理で，一方向に進む光だけを通過させ，逆方向に進む光を遮断する光学素子をアイソレーターという．

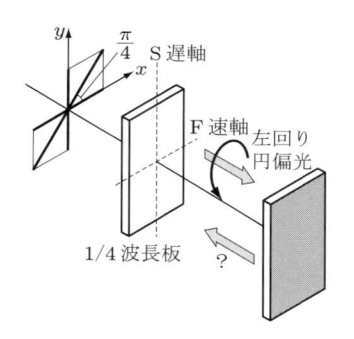

図 8.11 アイソレーターの構成

第9章 物質と光

　物質に対する光の現象を考えるうえで，これまでは屈折率を使ってきた．しかし，この章では，原子や分子という微視的な要素に立ち入って，屈折や反射などの現象を考えてみよう．このことによって，物質の吸収や発光の現象が理解でき，レーザーの原理やその応用への理解も深まる．また，物質からの発光または吸収のスペクトル分布を測定することにより，物質中の原子や分子の特性を知ることができる．光をスペクトルに分解することは，分光とよばれている．分光によって，物質の分析が可能になったり，物質の微視的な性質が解明される．

◆ 9.1 物質による光の屈折と反射

　ガラスなどの絶縁体では，物質の中を自由に電子が動き回ることができない．電子は物質を構成する原子や分子に束縛されて，その周りにいわゆる電子雲を作っている．この物質に光が当たると，図 9.1 に示すように，光がもつ電界から電子は力を受けて，電荷の空間分布が変化を受ける．つまり，電子雲が歪むことになる．原子や分子の正電荷は質量が大きく，電子の質量は正電荷よりもはるかに小さいので，加わる電界が変化しても正電荷の位置は変化しないと考えられる．一対の正負の電荷 $\pm q$ が距離 d だけ離れて存在している場合，これを電気双極子という．歪んだ電子雲も電気双極子

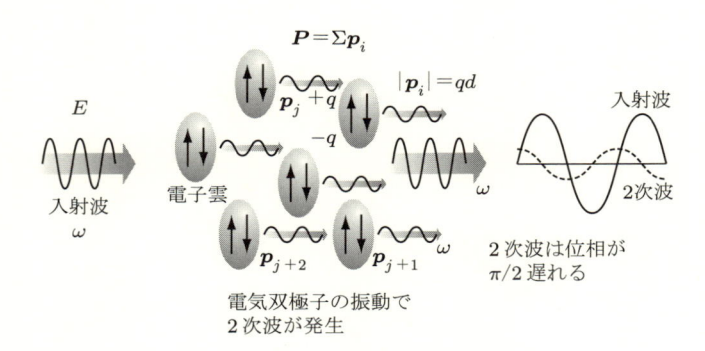

図 9.1 2 次波の発生

光の入射により，電子雲が歪み，電気双極子から光が放出される．

と考えることができる．電気双極子はベクトルであり，負の電荷から正の電荷に向かい，その大きさは qd である．このベクトルを電気双極子モーメント $\boldsymbol{p}$ とよぶ．単位体積当たりの電気双極子モーメントで，分極 $\boldsymbol{P}$ を定義する．可視光の領域では，加わる光による電界の振動により，分極 $\boldsymbol{P}$ も追随して振動する．光電界 $\boldsymbol{E}$ が角振動数 ω で振動すると，分極 $\boldsymbol{P}$ も同じ角振動数 ω で振動し，この分極の振動により，角振動数 ω の 2 次電磁波 (光)$\boldsymbol{E}'$ が放出される．物質を透過する光は，この $\boldsymbol{E}$ と $\boldsymbol{E}'$ が重ね合わせられた (干渉) 波動である．ここで，分極の振動により発生する 2 次波は，もとの入射光の位相に比べて $\pi/2$ だけ遅れることを注意しておく．

　図 9.2 に示すように，真空中に十分薄い透明な平板 (厚さ l) があり，これに垂直に，振幅が E_0 で角振動数 ω の平面波が入射する場合を考えよう．平板を出たところでの透過光の振幅は，$E_0 \exp\{i(kl-\omega t)\}$ である．平板内で発生する 2 次波は，もとの入射波よりも振幅が十分小さく，位相も $\pi/2$ 遅れていることを考慮して，$\varepsilon l E_0 \exp\{i(kl-\omega t+\pi/2)\}$ で与えられるとする．ただし，ε は十分小さい定数である．したがって，両者の合成波は，

$$\begin{aligned} E &= E_0 \exp\{i(kl-\omega t)\} + \varepsilon l E_0 \exp\{i(kl-\omega t+\pi/2)\} \\ &= E_0(1+i\varepsilon l)\exp\{i(kl-\omega t)\} \\ &\approx E_0 \exp\{i(kl+\varepsilon l-\omega t)\} = E_0 \exp\{i(k'l-\omega t)\} \end{aligned} \tag{9.1}$$

ただし，

$$k' = k + \varepsilon = k\left(1 + \frac{c\varepsilon}{\omega}\right) \tag{9.2}$$

である．平板を通過しても，光の振幅は変わらず位相は l に比例した量だけ遅れることがわかる．透過合成波の波数 k' は，真空中の波数 k とは異なり，式 (9.2) だけ変化

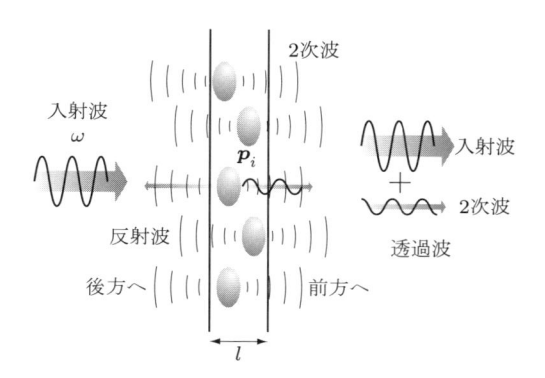

図 9.2 薄い平板での電子双極子による光の放出

するので，これに対応する屈折率は，

$$n = 1 + \frac{c\varepsilon}{\omega} \tag{9.3}$$

で与えられることになる．つまり，屈折率の原因は，透過する媒質中の電子双極子の振動によって発生する光の位相が $\pi/2$ 遅れるためであることがわかる．媒質の境界面で屈折することは，媒質間で屈折率が異なるためであることは 5.4 節ですでに述べた．

境界面で反射波が生じるのは，双極子の振動によって発生する光が，進行方向ばかりではなく後方へも伝播するからである．媒質が十分薄い場合には，反射波の振幅は媒質の厚さ l に比例するが，媒質が厚いといろいろな深さの双極子から発生する光の位相はそろわなくなるので，反射光の振幅は深さと無関係になる．

◆ 9.2 光の分散と吸収

屈折率を与える式 (9.3) からもわかるように，屈折率は光の周波数によって変化する．これを分散というが，分散の原因は，媒質を構成する原子や分子の周りに存在する電子雲の振動によることがわかる．式 (9.3) の導出には，非常に単純化した大胆なモデルによったが，これを厳密にして，電子雲の運動方程式を考え，これを解くことにより複素屈折率 $\hat{n}$ を求めることができる．複素屈折率は，これを実部と虚部に分け，

$$\hat{n} = n + i\kappa \tag{9.4}$$

の形に表すことができる．n は屈折率であり，κ は減衰係数とよばれている．なぜなら，z 方向に進む平面波の式 $u(z,t) = A \exp\{i(kz - \omega t)\}$ に複素屈折率を代入すると，

$$u(z,t) = A \exp\{i(kz - \omega t)\} = A \exp\left\{i\left(\frac{2\pi}{\lambda_0}\hat{n}z - \omega t\right)\right\}$$

$$= A \exp\left\{i\left(\frac{2\pi}{\lambda_0}nz - \omega t\right) - \frac{2\pi}{\lambda_0}\kappa z\right\} \tag{9.5}$$

となるから，n は光の位相速度を決め，κ は波の進行に伴い振幅を減衰させる働きをするからである．

したがって，光の強度は

$$I(z) = I(0) \exp(-\alpha z) \tag{9.6}$$

と書くことができる．$\alpha = 4\pi\kappa/\lambda_0$ は，吸収係数とよばれる．

気体のように原子や分子の密度が希薄な場合には，屈折率 n と減衰係数 κ は，

$$n = 1 + \frac{(e^2N/2m\varepsilon_0)(\omega_0^2 - \omega^2)}{(\omega_0^2 - \omega^2)^2 + \Gamma^2\omega^2} \tag{9.7}$$

$$\kappa = \frac{(e^2 N / 2m\varepsilon_0)\Gamma\omega}{(\omega_0^2 - \omega^2)^2 + \Gamma^2\omega^2} \tag{9.8}$$

で与えられる．ただし，ω_0 は電子双極子の固有角周波数，Γ は電子雲の摩擦係数，m と e は電子の質量と電荷である．減衰係数 κ とは，電子雲の振動によるエネルギーの損失に起因する項で，媒質が光エネルギーを吸収するために生じる．屈折率 n と減衰係数 κ を光の角周波数 ω に対してプロットすると，図 9.3 を得る．屈折率も吸収も電子双極子の固有角周波数 ω_0 近辺で大きく変化することがわかる．透明な (κ が小さい) 波長領域では，屈折率は波長が長くなるほど (角周波数が小さくなるほど) 減少する．このことを正常分散という．また，吸収が大きい領域では，このことが逆になることがわかる．これを異常分散という．

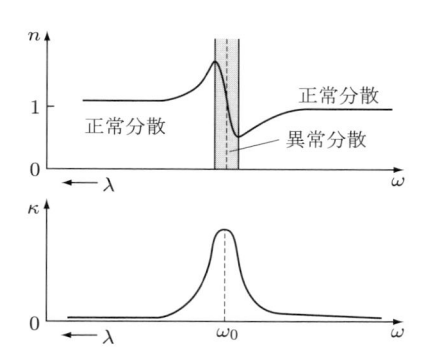

図 9.3 角振動数 ω に対する屈折率 n と減衰係数 κ の関係

9.3 分 光

原子や分子の固有角周波数 ω_0 は，原子や分子が異なると異なった値をもつ．これを利用すると，物質の吸収スペクトルからその物質を同定することが可能になる．一例として，有機分子リモネンの吸収スペクトルを，図 9.4 に示す．リモネンは柑橘類に含まれている香り物質で，スペクトルには C–H の伸縮振動や，変角振動による吸

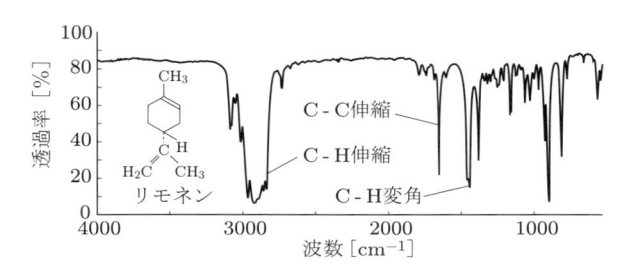

図 9.4 リモネンの吸収スペクトル

収ピークなどがみられる．

9.4 発光と光検出

9.4.1 光量子説

電気双極子の振動によって，光が発生することはすでに述べた．量子論によれば，物質を構成する振動子は勝手なエネルギーをとることができず，振動数 ν で振動する振動子の取りうるエネルギーは $h\nu$ の整数倍である．ただし，h はプランクの定数である．したがって，これに対応する光のエネルギーも連続的な値をとることができず，あるとびとびの値をもつはずである．アインシュタインは，振動数 ν の光はエネルギー $h\nu$ をもつ粒子であるとし，これを光子と名付けた．

物質を構成する原子や分子に存在する電子は，固有のとびとびのエネルギーレベルがあり，そのレベルの間を移ることを遷移という．光の放出や吸収は，二つのエネルギーレベル W_i と W_j 間での遷移により起こり，そのときの光子のエネルギーは，

$$E = h\nu = |W_i - W_j| \tag{9.9}$$

である．これをボーアの振動数条件という．ネオンランプやレーザーの発光などは，この原理による．

9.4.2 プランクの式

一方，白熱ランプは連続なスペクトル分布をもつ．光を発生させるためには，必ずしも電子双極子を外部電場で振動させる必要がなく，熱エネルギーでも振動を誘起することができる．高温の物体からの光放射に対しては，そのスペクトル分布が温度 T だけによって決まり，熱平衡状態にある空洞内 (これを黒体と言う) からの分光放射発散度は，

$$M_0(\lambda, T)d\lambda = \frac{2\pi hc^2}{\lambda^5} \frac{d\lambda}{\exp(h\nu/k_B T) - 1} \tag{9.10}$$

で与えられる．ただし，k_B はボルツマン定数である．これをプランクの式という．プランクはこの式を導くにあたり，物質内の振動子は，$h\nu$ の整数倍のとびとびのエネルギーしかとることができないと仮定した．この考えが，量子力学誕生の幕開けとなったことはよく知られている．いろいろな温度における黒体からの光放射のスペクトル分布を，図 9.5 に示す．物体の温度が上がると，スペクトルのピークは波長が短いほうにシフトする．赤い炎よりも青い炎のほうが温度が高いのはこの理由による．高温の物体の温度を測定するために，その物体の放射スペクトルを求める方法がある．光高温計などは，この代表的な例である．

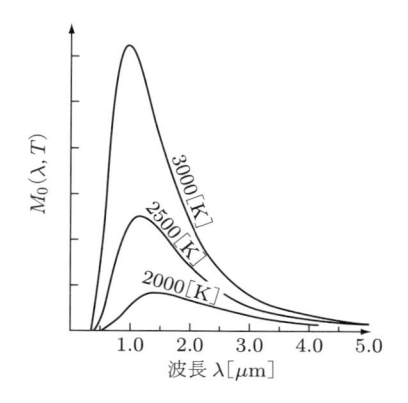

図 9.5 黒体からの光放射のスペクトル分布

9.4.3 光電効果と光電管

金属に光を当てると，電子が飛び出す現象がある．入射光の周波数がある値を超えると，電子が飛び出しはじめるが，入射光の強度を増しても，飛び出す電子のエネルギーは変化せず，その数が増えるのみである．この現象は光電効果とよばれ，アインシュタインは，光子が $h\nu$ のエネルギーをもつ粒子であることを仮定して，はじめてこの現象を説明した．光電管は，図 9.6 に示すように，真空管の中に金属膜でできた光電面と陽極からなり，光電面に光が当たると光電効果により電子が飛び出し，陽極に到達する．これを電圧として検出する．光電管の検出感度を高めるために増幅機能をもたせたものに，光電子増倍管があり，高感度な光検出器として利用されている．

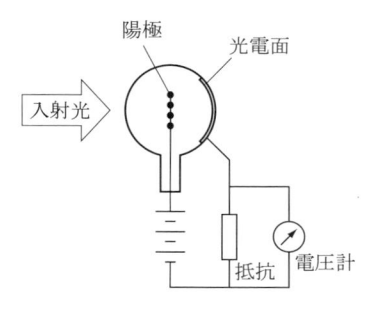

図 9.6 光電管

9.4.4 半導体光検出器

図 9.7 のように，p 型と n 型とよばれる 2 種類の半導体の接合面に光を当てると，光が吸収されて電子と正孔の対が生まれ，これが電極のほうに移動することにより電力が発生する．これが光起電力効果である．この効果を利用した半導体光検出器がフォ

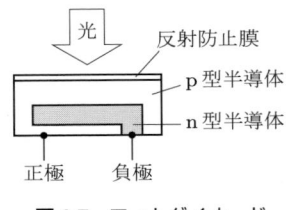

```
        光
         ↓
    ┌─────────┬ 反射防止膜
    │         ├ p型半導体
    │         ├ n型半導体
    └─┬───┬───┘
      正極 負極
```

図 9.7 フォトダイオード

トダイオードである．シリコンを原料とした半導体では，可視から近赤外の領域に感度をもつ光検出器が開発されている．

9.5　レーザー

量子力学によると，原子や分子はとびとびのエネルギーレベル (これをエネルギー準位ともいう) をもち，図 9.8(a) のように，光を吸収することにより低いエネルギー準位から高いエネルギーへの遷移が起こる．また，高い準位 2 から低い準位 1 への遷移により光が放出される．このときの光エネルギーは，式 (9.9) に従う．一般的な光の放出過程では，上準位から下準位に，ある確率で遷移して光を放出する自然放出 (図 9.8(b)) と，入射光によって光が誘導的に放出される誘導放出 (図 9.8(c)) がある．誘導放出では，入射光と同じ位相の光が放出されるので，光が媒質を伝播するに従って振幅が増加する．つまり，光の増幅が起こる．この増幅が起こるためには，下準位にある原子の数よりも，上準位にある原子の数のほうが多くなくてはならない．これを反転分布，もしくは負の温度の状態という．

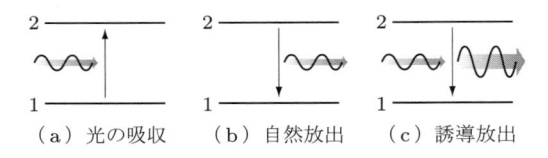

```
  2 ──        2 ──        2 ──
     ↑           │           │
   〜〜→         ↓           ↓ 〜〜〜→
                〜〜→       〜〜→
  1 ──        1 ──        1 ──
 (a) 光の吸収  (b) 自然放出  (c) 誘導放出
```

図 9.8 光の吸収と放出

効率よく光の増幅を行わせるために，レーザーでは，レーザー媒質を反射鏡で挟み，光をこの中に閉じ込める工夫がなされている．これを光共振器という．典型的な気体レーザーであるヘリウムネオンレーザーの構造を，図 9.9 に示す．ヘリウムとネオンの 2 種類のガスを封入した放電管を，2 枚の凹面反射鏡からなる共振器の中に入れてある．一方の反射鏡は 100% の反射率を，他方も高い反射率 (98%) をもたせ，この裏面からレーザー光を出力させる．ネオン原子の発光 (波長 633 [nm]) がレーザー光と

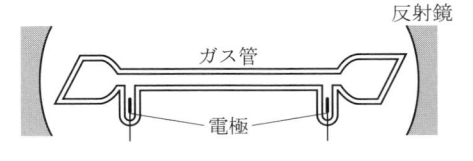

図 9.9　ヘリウムネオンレーザー

して発振する．

固体レーザーの構成の一例を，図 9.10 に示す．個体のレーザー媒質ロッドをフラッシュランプで励起している．後で述べる半導体レーザ光で励起する方法もある．

CD や DVD に用いられる半導体レーザーは，p 型と n 型とよばれる 2 種類の半導体を接合した構造に電流を流して発光させ，半導体の両面に反射膜を蒸着して共振器を作っている (図 9.11)．いろいろな半導体を選ぶことで，赤外光から可視光，紫外光まで幅広い波長域で発振するレーザーが開発されている．

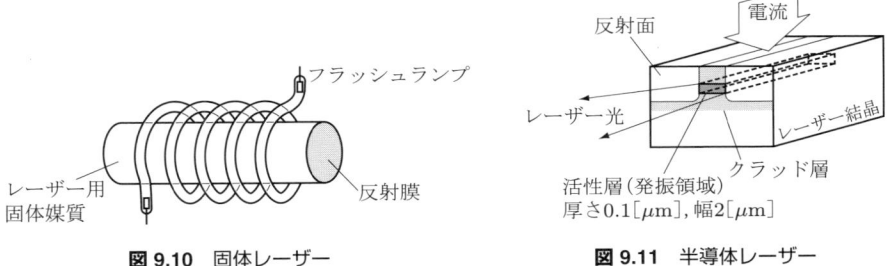

図 9.10　固体レーザー

図 9.11　半導体レーザー

演習問題

[9.1] 光がある液体を 10 [mm] 通過すると，その強度が 5% 減衰するという．液体を 200 [mm] 通過するとき，もとの強度の何%になるか．

[9.2] 半導体レーザーは他のレーザーに比べて出射ビームの広がりが大きい．この理由を述べよ．

[9.3] (1)　プランクの式 (9.10) は，波長が小さい (0.65 [nm] 以下) 場合，

$$M_0(\lambda, T) d\lambda = \frac{2\pi hc^2}{\lambda^5} \exp\left(\frac{-h\nu}{k_B T}\right) d\lambda$$

と近似されることを示せ．これをウイーンの放射則という．

(2)　この近似式が成り立つとき，二つの温度 T_1 と T_2 において同じ波長 λ の放射発散度の比を求め，温度 T_2 が既知で，放射発散度の比が測定できれば，温度 T_1 が測定できることを示せ．光高温計はこの原理を使っている．

第10章　色と明るさ

　人間の感覚情報のうち，もっとも多いのは視覚の情報である．植物の緑や，真っ赤な夕焼け，人の微妙な顔色，そしてまた，薄明かりに映える山の影など，われわれは視覚から様々なことを感じとっている．色や明るさの情報も視覚情報の中でなくてはならないものである．ここでは，色や明るさが物理的にどのように取り扱われているかを考えよう．これらの量は，人間の感覚に依存するので，重さや長さ，あるいは光のエネルギーなどのように完全に客観的に定義される物理量とは異なり，心理物理量とよばれる．

◆ 10.1　視　覚

　人間の眼の構造は，カメラの構造によく似ており，外界から目に入った光は眼球光学系により網膜上に結像される (図 10.1)．網膜内には，錐体と桿体とよばれる 2 種類の視細胞があり，含まれる視物質により光信号が電気信号に変換され，神経細胞を通して脳に伝えられる．錐体は主に明るい状態における視覚に関係しており，桿体は暗い状態の視覚に関係する．おのおの光の波長に対する感度が異なっている．光の波長に対して感度が異なる 3 種類の錐体があり，このため，色の感覚が生じる．一方，桿

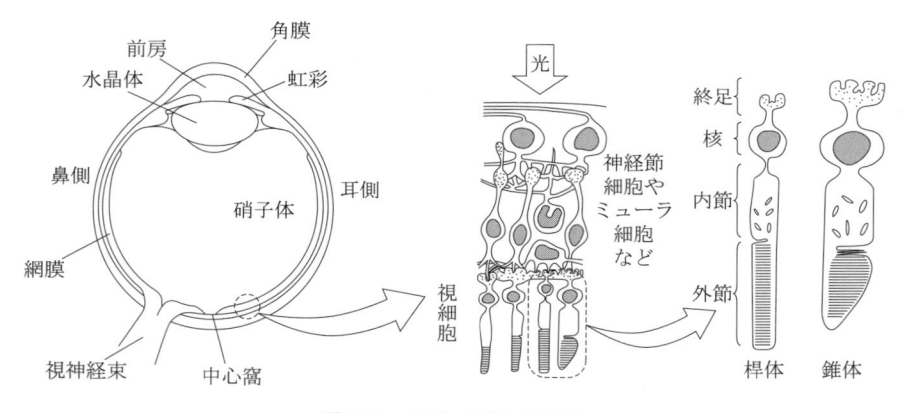

図 10.1　眼球，網膜，視細胞

体は1種類しかなく，色の感覚は生じない．したがって，色の感覚(色覚)が生じるのは明るい環境においてのみで，暗いところでは色の感覚がない．錐体や桿体は，光の波長によって感度が異なる．これは個人差があり，一つに決まらない．明るさの定義や色の定義には視覚の分光感度曲線が必要であるため，国際照明委員会(CIE)は，複数の研究者の測定結果の平均値でこれを決めた．それが，CIE 標準比視感度曲線 $V(\lambda)$ である(図 10.2)．暗所における比視感度曲線 $V'(\lambda)$ は，$V(\lambda)$ とは異なり，短波長側に少しずれている．

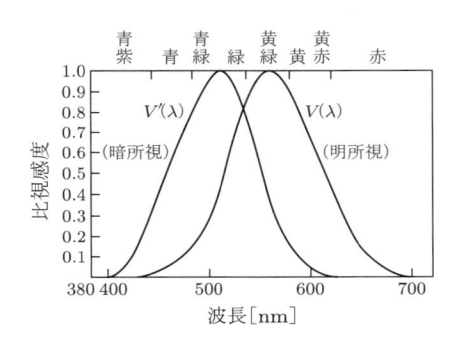

図 10.2 CIE 標準比視感度曲線

10.2 色

錐体には3種類あり，それぞれ分光感度が異なっているため色覚が生じる．あるスペクトル分布の光に対して，3種類の反応が生じ，その大きさの割合が色覚を決めると考えられる．3種類の錐体に対する分光感度曲線が測定できれば問題ないが，実際的には不可能で，特定の波長の光に対する反応をモデル化している．CIE の XYZ 表色系とよばれるモデルでは，3種類の反応量をスペクトル三刺激値とよび，図 10.3 に示すような，赤，緑，青の位置にピークをもつ曲線(それぞれ，$\overline{x}(\lambda)$, $\overline{y}(\lambda)$, $\overline{z}(\lambda)$)を用いる．ここで，$\overline{y}(\lambda)$ は CIE 標準比視感度曲線 $V(\lambda)$ と一致するように決められている．いま，分光分布 $\Phi_e(\lambda)$ の光があるとき，その色を決めるためには，3種類の反応値(これを三原刺激値といい，それぞれ，X, Y, Z で表す)は，

$$X = K_m \int \overline{x}(\lambda)\Phi_e(\lambda)\mathrm{d}\lambda, \quad Y = K_m \int \overline{y}(\lambda)\Phi_e(\lambda)\mathrm{d}\lambda, \quad Z = K_m \int \overline{z}(\lambda)\Phi_e(\lambda)\mathrm{d}\lambda \tag{10.1}$$

と表すことができる．ただし，K_m は定数である．色の特性は三つの自由度があるが，明るさに関しては $\overline{y}(\lambda)$ が標準比視感度曲線で定義されているので，Y が明るさを表

す指標である．他の自由度を，

$$x = \frac{X}{X+Y+Z}, \qquad y = \frac{Y}{X+Y+Z} \tag{10.2}$$

で定義される色度座標として表す．これを CIE の xy 色度図 (図 10.4) という．

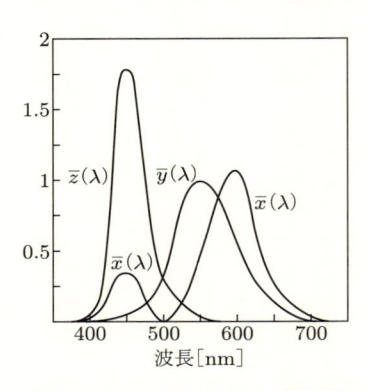

図 10.3 CIE スペクトル三刺激値

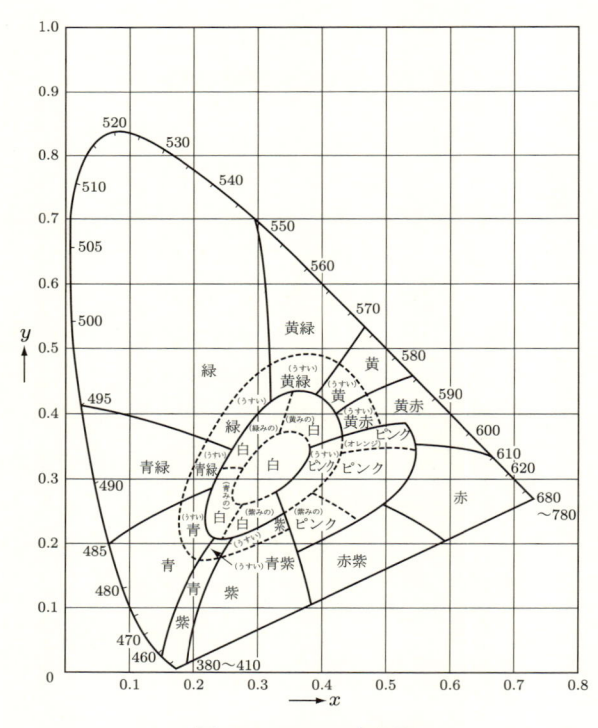

図 10.4 CIExy 色度図

いろいろな波長の単色光に色度座標を結ぶと馬蹄形になる．この馬蹄形の曲線とその両端を結んだ図形の内部に，実在する色の色度座標が位置する．

例題 10.1 二つの色の混色により得られる色の色度座標は，色度図上で二つの色の色度座標を結んだ直線上にあることを示せ．

解答 分光分布が $\Phi_1(\lambda)$ と $\Phi_2(\lambda)$ をもつ光を考え，これを重ね合わせた光 (分光分布は $\Phi_{12}(\lambda) = \Phi_1(\lambda) + \Phi_2(\lambda)$) の三原刺激値を求めよう．

$$X_{12} = K_m \int \overline{x}(\lambda)\Phi_{12}(\lambda)\,\mathrm{d}\lambda = K_m \int \overline{x}(\lambda)\{\Phi_1(\lambda) + \Phi_2(\lambda)\}\,\mathrm{d}\lambda = X_1 + X_2$$

$$Y_{12} = K_m \int \overline{y}(\lambda)\Phi_{12}(\lambda)\,\mathrm{d}\lambda = K_m \int \overline{y}(\lambda)\{\Phi_1(\lambda) + \Phi_2(\lambda)\}\,\mathrm{d}\lambda = Y_1 + Y_2$$

$$Z_{12} = K_m \int \overline{z}(\lambda)\Phi_{12}(\lambda)\,\mathrm{d}\lambda = K_m \int \overline{z}(\lambda)\{\Phi_1(\lambda) + \Phi_2(\lambda)\}\,\mathrm{d}\lambda = Z_1 + Z_2$$

ただし，それぞれの光の三原刺激値を，

$$X_1 = K_m \int \overline{x}(\lambda)\Phi_1(\lambda)\,\mathrm{d}\lambda, \quad Y_1 = K_m \int \overline{y}(\lambda)\Phi_1(\lambda)\,\mathrm{d}\lambda, \quad Z_1 = K_m \int \overline{z}(\lambda)\Phi_1(\lambda)\,\mathrm{d}\lambda$$

$$X_2 = K_m \int \overline{x}(\lambda)\Phi_2(\lambda)\,\mathrm{d}\lambda, \quad Y_2 = K_m \int \overline{y}(\lambda)\Phi_2(\lambda)\,\mathrm{d}\lambda, \quad Z_2 = K_m \int \overline{z}(\lambda)\Phi_2(\lambda)\,\mathrm{d}\lambda$$

とする．各光の色度座標は，

$$x_1 = \frac{X_1}{X_1 + Y_1 + Z_1}, \quad y_1 = \frac{Y_1}{X_1 + Y_1 + Z_1}$$

$$x_2 = \frac{X_2}{X_2 + Y_2 + Z_2}, \quad y_2 = \frac{Y_2}{X_2 + Y_2 + Z_2}$$

$$x_{12} = \frac{X_{12}}{X_{12} + Y_{12} + Z_{12}} = \frac{X_1 + X_2}{X_1 + X_2 + Y_1 + Y_2 + Z_1 + Z_2}$$

$$y_{12} = \frac{Y_{12}}{X_{12} + Y_{12} + Z_{12}} = \frac{Y_1 + Y_2}{X_1 + X_2 + Y_1 + Y_2 + Z_1 + Z_2}$$

である．ここで，

$$\frac{y_2 - y_1}{x_2 - x_1} = \frac{y_{12} - y_1}{x_{12} - x_1}$$

であれば，それぞれの色座標を結ぶ傾きが等しく，3点は一直線上にある．

$$\frac{y_2 - y_1}{x_2 - x_1} = \frac{\dfrac{Y_2}{X_2 + Y_2 + Z_2} - \dfrac{Y_1}{X_1 + Y_1 + Z_1}}{\dfrac{X_2}{X_2 + Y_2 + Z_2} - \dfrac{X_1}{X_1 + Y_1 + Z_1}}$$

$$= \frac{Y_2(X_1 + Y_1 + Z_1) - Y_1(X_2 + Y_2 + Z_2)}{X_2(X_1 + Y_1 + Z_1) - X_1(X_2 + Y_2 + Z_2)}$$

で，一方，

$$\frac{y_{12}-y_1}{x_{12}-x_1} = \frac{\dfrac{Y_1+Y_2}{X_1+X_2+Y_1+Y_2+Z_1+Z_2} - \dfrac{Y_1}{X_1+Y_1+Z_1}}{\dfrac{X_1+X_2}{X_1+X_2+Y_1+Y_2+Z_1+Z_2} - \dfrac{X_1}{X_1+Y_1+Z_1}}$$

$$= \frac{(Y_1+Y_2)(X_1+Y_1+Z_1) - Y_1(X_1+X_2+Y_1+Y_2+Z_1+Z_2)}{(X_1+X_2)(X_1+Y_1+Z_1) - X_1(X_1+X_2+Y_1+Y_2+Z_1+Z_2)}$$

$$= \frac{Y_2(X_1+Y_1+Z_1) - Y_1(X_2+Y_2+Z_2)}{X_2(X_1+Y_1+Z_1) - X_1(X_2+Y_2+Z_2)}$$

であるから両者は等しく，三つの色の色座標は一直線上にある．

10.2.1 色温度

式 (9.10) のプランクの式によれば，黒体の温度が決まれば放射される光のスペクトル分布が決まる．式 (10.1)，(10.2) によって，このスペクトル分布の色度座標を求めることができる．この色度座標をもつ色を黒体の温度で表すことがある．これを色温度という (図 10.5)．太陽光の色温度は 5000〜6000 [K]，白熱電灯のそれは 3000 [K] 程度である．

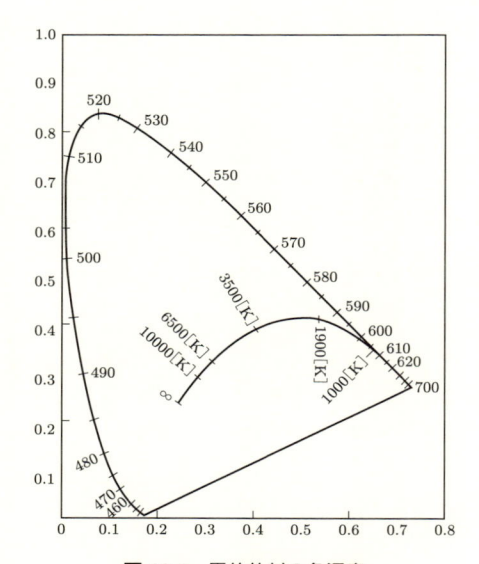

図 10.5 黒体放射の色温度

高温になると赤から白，そしてうすい青に変化する．

10.3 明るさ

部屋の照明が暗いとか，自動車のヘッドライトが眩しいとか，われわれの感じる光の明るさはどのように定義されているのであろうか．いま，図 10.6 に示すように，点光源 P とやや離れたところに置かれた矩形開口 ABCD と，さらに離れたところに開口面と平行に置かれたスクリーンを考える．光は開口の部分だけを通過し，スクリーン上には矩形 EFGH の部分が明るく見える．スクリーンを光源側に動かすと矩形部分 EFGH は明るくなり，遠ざけると暗くなる．このように，明るさには光源自身の明るさと，光源に照らされた物体の明るさの 2 種類があることがわかる．また，この明るさは人間の感覚にも依存することも理解できよう．

単位時間にある面を通過する光のエネルギーを放射束 ($\Phi_e(\lambda)$) という．この単位はワット (W) である．一般に，光はいろいろな波長の光を含んでいるので，これを人間が見たときに感じる光の強さは，人間の分光感度に依存する．色の定義で用いた，平均的な人間の分光感度曲線である標準比視感度曲線 ($V(\lambda)$) を用いて，光束

$$\Phi = K_m \int_0^\infty V(\lambda) \Phi_e(\lambda) \, d\lambda \tag{10.3}$$

を定義する．これが人間が感じる明るさである．単位はルーメン (lm) である．図 10.6 に示す状態の点光源の明るさは，点光源から単位距離にある単位面積を照らす光の量として定義される．一般的に，3 次元空間を考えるとき，図 10.6 のように平面のスクリーンを考えるより，図 10.7 に示すように，点光源 P を中心とした球面を考えるほうが都合がよい．半径 r の球面上にある小面積 dS を考え，立体角 $\Omega = dS/r^2$ を定義する[*1]．

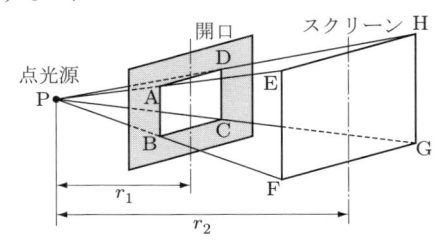

図 10.6 点光源で照明された平面

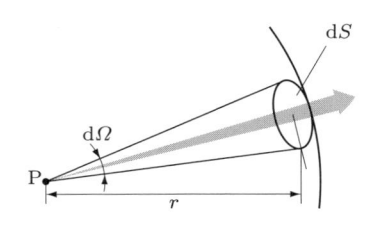

図 10.7 光度の定義

[*1] 通常の角度は，その角の頂点を中心とした半径 r の円を考え，角を見込む円弧の長さ l を用いて，$\theta = l/r$ で定義される．これに対して，立体角は，角の頂点を中心として半径 r の球面を考え，球面上の面積 S を見込む立体角を，$\Omega = S/r^2$ で定義する．普通の角も立体角も無次元量で，おのおの，ラジアン (rad) とステラジアン (sr) の単位を付けて表す．全周の角は 2π [rad]，全立体角は 4π [sr] である．

点光源の明るさを光度といい,

$$I = \frac{\mathrm{d}\Phi}{\mathrm{d}\Omega} \tag{10.4}$$

で定義する．単位は，カンデラ (cd) である．

光源の明るさである光度が定義されたので，照らされている側の光の強度が定義できる．点光源から微小面積 dS に放射される単位面積当たりの光束は，

$$E = \frac{\mathrm{d}\Phi}{\mathrm{d}S} \tag{10.5}$$

で定義され，これを照度という．単位は，ルクス (lx) である．図 10.6 を参考にすると，同じ光度の光源で平面が照明されていると，照度は光源からの距離の 2 乗に反比例することがわかる．すなわち，距離 r_1 と r_2 にある平面上の照度が E_1 と E_2 であるとすると，

$$\frac{E_2}{E_1} = \frac{r_1^2}{r_2^2} \tag{10.6}$$

の関係がある．

光度 I の点光源から距離 r にある微小面積 $\mathrm{d}S$ に達する光束 $\mathrm{d}\Phi$ は，

$$\mathrm{d}\Phi = I\mathrm{d}\Omega = I\frac{\mathrm{d}S\cos\theta}{r^2} \tag{10.7}$$

である．ただし，微小面積に立てた法線と，微小面積から点光源を結ぶ直線のなす角を θ とする．したがって，微小面積における照度は，

$$E = \frac{\mathrm{d}\Phi}{\mathrm{d}S} = I\frac{\cos\theta}{r^2} \tag{10.8}$$

である．

光源が点光源でなく広がりを持っているとき，光源表面の光の強さを表す量に，輝度がある．図 10.8 に示すように，光源面上に微小面積 $\mathrm{d}S$ をとり，光源面に立てた垂線 N から θ 傾いた方向の光度を $\mathrm{d}I_\theta$ とすると，

$$L = \frac{\mathrm{d}I_\theta}{\mathrm{d}S\cos\theta} \tag{10.9}$$

で，輝度が定義される．単位は，カンデラ毎平方メートル ($\mathrm{cd/m^2}$) である．

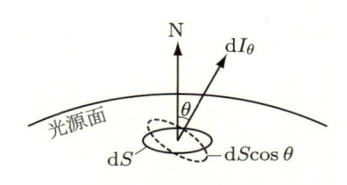

図 10.8 輝度の定義

例題 10.2 標準光源 P の光度 I_P をもとに，被検発光体 T の光度 I_T を知る目的で，図 10.9 に示すような配置を考えた．標準光源 P と被検発光体 T の間にスクリーンと測定器を置き，両光源がスクリーンに与える照度を測定する．スクリーンを移動させて，照度が等しくなったときのスクリーンから標準光源までの距離 r_P と被検発光体 T までの距離 r_T を測った．被検発光体 T の光度 I_T を求めよ．

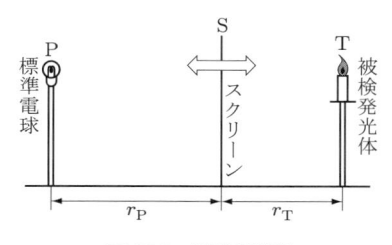

図 10.9 光度の測定

解答 照度は距離の 2 乗に反比例するので，両者の照度は，I_P/r_P^2, I_T/r_T^2 である．$I_P/r_P^2 = I_T/r_T^2$ より，

$$I_T = I_P \frac{r_T^2}{r_P^2}$$

が得られる．この原理にしたがって，ブンゼン (von Bunsen) は光度計を作った．

演習問題

[10.1] 色に関する次のような記述で，誤りであるものはどれか．また，その理由も述べよ．
(1) 植物の葉が緑色に見えるのは，緑色の光 (波長 500 [nm] から 560 [nm]) 以外を多く吸収するからである．
(2) 色を数値的に表す方法として XYZ 表色系がある．これは多くの人の色の知覚をもとに，国際的な取り決めに基づいている．
(3) 赤，緑，青色の 3 色の光を適当に組み合わせると，白色の光を作り出すことができるが，2 色の組み合わせでも白色を作り出せる．
(4) 部屋の照度を変えても，テーブルの上の花の色は同じに見える．
(5) 色温度が高くなると，色は赤から橙，そして白っぽく見える．この原理で，刀鍛冶は鉄の温度を知ることができる．

[10.2] 一様の輝度 L で輝いている半径 R の円板状の光源がある．この光源から距離 D の位置に，光源の面と平行にスクリーンを置いた．光源の中心に立てた垂線とスクリーンとの交点 P における照度を求めよ．

付　録　役に立つ公式

三角関数

$$\sin(A \pm B) = \sin A \cos B \pm \cos A \sin B$$
$$\cos(A \pm B) = \cos A \cos B \mp \sin A \sin B$$

$$\sin 2\theta = 2 \sin \theta \cos \theta$$
$$\cos 2\theta = \cos^2 \theta - \sin^2 \theta$$

$$\sin A + \sin B = 2 \sin \frac{(A+B)}{2} \cos \frac{(A-B)}{2}$$
$$\sin A - \sin B = 2 \sin \frac{(A-B)}{2} \cos \frac{(A+B)}{2}$$
$$\cos A + \cos B = 2 \cos \frac{(A+B)}{2} \cos \frac{(A-B)}{2}$$
$$\cos A - \cos B = -2 \sin \frac{(A+B)}{2} \sin \frac{(A-B)}{2}$$

$$\sin A \sin B = -\frac{\cos(A+B) - \cos(A-B)}{2}$$
$$\cos A \cos B = \frac{\cos(A+B) + \cos(A-B)}{2}$$
$$\sin A \cos B = \frac{\sin(A+B) + \sin(A-B)}{2}$$
$$\cos A \sin B = \frac{\sin(A+B) - \sin(A-B)}{2}$$

$$\exp(i\theta) = \cos \theta + i \sin \theta$$
$$\cos \theta = \frac{\exp(i\theta) + \exp(-i\theta)}{2}$$
$$\sin \theta = \frac{\exp(i\theta) - \exp(-i\theta)}{2i}$$

級数展開

$$\sin \theta = \theta - \frac{\theta^3}{3!} + \cdots$$

$$\cos\theta = 1 - \frac{\theta^2}{2!} + \frac{\theta^4}{4!} + \cdots$$

$$\tan\theta = \theta + \frac{\theta^3}{3} + \frac{2\theta^5}{15} + \cdots$$

$$(1+x)^n = 1 + nx + \frac{n(n-1)}{1\cdot 2}x^2 + \frac{n(n-1)(n-2)}{1\cdot 2\cdot 3}x^3 + \cdots$$

ベクトルの公式

$$\boldsymbol{A}\cdot\boldsymbol{B} = A_x B_x + A_y B_y + A_z B_z = |\boldsymbol{A}||\boldsymbol{B}|\cos\theta$$

$$\boldsymbol{A}\times\boldsymbol{B} = (A_y B_z - A_z B_y, A_z B_x - A_x B_z, A_x B_y - A_y B_x)$$

$$\boldsymbol{A}\times\boldsymbol{B} = -\boldsymbol{B}\times\boldsymbol{A}$$

$$|\boldsymbol{A}\times\boldsymbol{B}| = |\boldsymbol{A}||\boldsymbol{B}|\sin\theta$$

フーリエ変換

ここでは，回折の計算に利用しやすい2次元フーリエ変換を，次のように定義する．

$$G(\nu_x,\nu_y) = \iint_{-\infty}^{\infty} g(x,y)\exp\bigl\{-i2\pi(\nu_x x + \nu_y y)\bigr\}\mathrm{d}x\mathrm{d}y \tag{A.1}$$

$$\iint_{-\infty}^{\infty} g(ax,by)\exp\bigl\{-i2\pi(\nu_x x + \nu_y y)\bigr\}\mathrm{d}x\mathrm{d}y = \frac{1}{ab}G\left(\frac{\nu_x}{a},\frac{\nu_y}{b}\right) \tag{A.2}$$

$$\iint_{-\infty}^{\infty} g(x-a,y-b)\exp\bigl\{-i2\pi(\nu_x x + \nu_y y)\bigr\}\mathrm{d}x\mathrm{d}y$$

$$= G(\nu_x,\nu_y)\exp(-i2\pi a\nu_x)\exp(-i2\pi b\nu_y) \tag{A.3}$$

おもな関数とそのフーリエ変換を，表 A.1 に示す．ただし，

$$\mathrm{rect}(x) = \begin{cases} 1 & (|x| \le 1/2) \\ 0 & (|x| > 1/2) \end{cases}$$

表 A.1 関数とそのフーリエ変換

関数 $g(x)$	フーリエ変換 $G(\nu_x)$
$\mathrm{rect}(x)$	$\mathrm{sinc}(\nu_x)$
$\exp(-\pi x^2)$	$\exp(-\pi\nu_x^2)$
$\delta(x)$	1
$\exp(-i2\pi\alpha x)$	$\delta(\nu_x + \alpha)$
$\cos(2\pi\alpha x)$	$\{\delta(\nu_x+\alpha)+\delta(\nu_x-\alpha)\}/2$
$\sin(2\pi\alpha x)$	$i\{\delta(\nu_x+\alpha)-\delta(\nu_x-\alpha)\}/2$
$\mathrm{comb}(x)$	$\mathrm{comb}(\nu_x)$

付録 役に立つ公式

$$\text{sinc}(x) = \frac{\sin \pi x}{\pi x}$$

$$\text{comb}(x) = \sum_{n=-\infty}^{\infty} \delta(x-n)$$

ここで，$\delta(x)$ はデルタ関数で，連続関数 $f(x)$ を用いて，

$$\int_{-\infty}^{\infty} f(x)\delta(x)\,\mathrm{d}x = f(0)$$

で定義される[*1]．

ベッセル関数

$$J_n(z) = \frac{i^{-n}}{2\pi} \int_0^{2\pi} \exp(iz\cos\alpha)\exp(in\alpha)\,\mathrm{d}\alpha \tag{A.4}$$

$$\frac{\mathrm{d}}{\mathrm{d}z}\{z^{n+1}J_{n+1}(z)\} = z^{n+1}J_n(z) \tag{A.5}$$

ガンマ関数

フレネル回折を計算する場合に

$$\int_{-\infty}^{\infty} \exp(-ax^2 + bx)\,\mathrm{d}x = \sqrt{\frac{\pi}{a}}\exp\left(\frac{b^2}{4a}\right)$$

の形の積分を計算する必要がある．この計算に，ガンマ関数

$$\Gamma(z) = \int_0^{\infty} \exp(-t)t^{z-1}\,\mathrm{d}t$$

を使うとよい．ガンマ関数は，

$$\Gamma(z) = (z-1)\Gamma(z-1)$$

の性質があるので，n を整数とすると，

$$\Gamma(n) = (n-1)!$$

である．また，

$$\Gamma(1/2) = \sqrt{\pi}$$

である．

[*1] デルタ関数 $\delta(x)$ は，通常の関数とは異なり，$x=0$ で値が決まらない超関数とよばれるものである．点光源やインパルスなど空間や時間の狭い領域にエネルギーが集中する対象を表す場合に用いられる (参考書：谷田貝：光とフーリエ変換, 朝倉書店 (1992))．

演習問題解答

第2章

[2.1] 光線のずれは，図 2.26 で $\overline{\text{BC}}$ である．また，屈折角を θ' とすると，
$$n_1 \sin\theta = n_2 \sin\theta'$$
となる．さらに，
$$\overline{\text{AB}} = d/\cos\theta'$$
より，ずれ量は次式となる．
$$\begin{aligned}
\overline{\text{BC}} &= \overline{\text{AB}} \sin(\theta-\theta') = (d/\cos\theta')\sin(\theta-\theta') \\
&= (d/\cos\theta')(\sin\theta\cos\theta' - \cos\theta\sin\theta') \\
&= d\left(\sin\theta - \frac{\sin\theta'}{\cos\theta'}\cos\theta\right) \\
&= d\left(\sin\theta - \frac{n_1\sin\theta/n_2}{\sqrt{1 - n_1^2\sin^2\theta/n_2^2}}\cos\theta\right) \\
&= d\left(1 - \frac{n_1\cos\theta}{\sqrt{n_2^2 - n_1^2\sin^2\theta}}\right)\sin\theta \quad\quad (\text{B.1})
\end{aligned}$$

[2.2] 前問の式 (B.1) から，次のようになる．
$$\begin{aligned}
\overline{\text{BC}} &= 10 \cdot \left\{1 - \frac{\cos(\pi/3)}{\sqrt{1.5^2 - \sin^2(\pi/3)}}\right\} \cdot \sin(\pi/3) \\
&= 10 \cdot \left\{1 - \frac{1/2}{\sqrt{1.5^2 - (\sqrt{3}/2)^2}}\right\} \cdot \frac{\sqrt{3}}{2} = 5.12 \text{ [mm]}
\end{aligned}$$

[2.3] 図 2.24 を参考にして，屈折率 n_1 と n_2 の二つの媒質が接しているとき，屈折率が n_1 の媒質中から見ると，屈折率 n_2 の媒質中に境界から d_2 の深さにある物体の見かけの深さは $n_1 d_2/n_2$ であることがわかる．よって，二枚の平行平面ガラスを空気中から見ると，見かけ上の厚さは，次のようになる．
$$\frac{d_1 + n_1 d_2/n_2}{n_1} = \frac{d_1}{n_1} + \frac{d_2}{n_2}$$

[2.4] 図 2.15 において，光線は稜面にほぼ垂直に入射するので
$$i = nr \quad\quad nr' = i'$$

である.さらに,式 (2.18) より,
$$r + r' = \theta$$
で,振れ角は次のようになる.
$$\delta = i + i' - \theta = nr + nr' - \theta = (n-1)\theta$$
また,式 (2.30) において角度が小さいとして,
$$n = \frac{(\delta_{\min} + \theta)/2}{\theta/2}$$
からも同じ結論が得られる.

[2.5] 球面における結像の式から,次式が得られる.
$$\frac{n}{s'} - \frac{1}{s} = (n-1)\frac{1}{r}$$
条件より,
$$\frac{n}{a} - \frac{1}{s} = (n-1)\frac{1}{r}$$
である.よって,次のように求まる.
$$s = \frac{ar}{nr - (n-1)a} = \frac{a}{n - (n-1)a/r}$$

[2.6] 反射面に対する結像式
$$\frac{1}{a} + \frac{1}{b} = \frac{2}{r}$$
を t で微分し,$\mathrm{d}a/\mathrm{d}t = v$ を用いると,次式が得られる.
$$\frac{\mathrm{d}b}{\mathrm{d}t} = -\frac{b^2}{a^2}v$$

[2.7] 図 2.22 において,点 Q から光軸に下ろした垂線の足を H とし,$\overline{\mathrm{OH}} = x$ とする.このとき,
$$r^2 = h^2 + (r-x)^2$$
より,$h^2 = 2rx - x^2$ であることに注意すると,Q を通る光線の光路長は,
$$L = n\overline{\mathrm{PQ}} + n'\overline{\mathrm{QP'}} = n\sqrt{(-s+x)^2 + h^2} + n'\sqrt{(s'-x)^2 + h^2}$$
$$= n\sqrt{s^2 + 2(r-s)x} + n'\sqrt{s'^2 + 2(r-s')x}$$
となる.ここで,s の値は負であることを考慮して,
$$L = -ns\sqrt{1 + 2\frac{x}{s}\left(\frac{r}{s} - 1\right)} + n's'\sqrt{1 + 2\frac{x}{s'}\left(\frac{r}{s'} - 1\right)}$$
となる.したがって,次式のようになる.
$$L \approx -ns\left\{1 + \frac{x}{s}\left(\frac{r}{s} - 1\right)\right\} + n's'\left\{1 + \frac{x}{s'}\left(\frac{r}{s'} - 1\right)\right\}$$

$$= -ns + n's' + \left\{-n\left(\frac{r}{s}-1\right) + n'\left(\frac{r}{s'}-1\right)\right\}x$$

これを x で微分して 0 とおくと,

$$-n\left(\frac{r}{s}-1\right) + n'\left(\frac{r}{s'}-1\right) = 0$$

で,すなわち,次式が得られる.

$$n\left(\frac{1}{r}-\frac{1}{s}\right) = n'\left(\frac{1}{r}-\frac{1}{s'}\right)$$

[2.8] 点光源を S,円形の紙の中心を O,紙の縁上のある点を A とする.水と空気の間の臨界角を θ_c とすると,

$$\sin\theta_c = 1/n = 3/4$$

である.したがって,次のように求まる.

$$\overline{\mathrm{OA}} = \overline{\mathrm{SO}}\tan\theta_c = 100\cdot\frac{\sin\theta_c}{\cos\theta_c} = 100\cdot\frac{3/4}{\sqrt{1-(3/4)^2}} = 113.4\ [\mathrm{mm}]$$

[2.9] 倍率 2 の像ができる配置で,凹面鏡から物体の位置とスクリーンまでの位置をそれぞれ s_1,s_1' とする.また,倍率 3 の場合を s_2,s_2' とする.凹面鏡の曲率半径を r とする.結像の関係式は式 (2.46),または式 (2.55) において $n' = -n$ とした式を用いればよいので,次のようになる.

$$\frac{1}{s_1} + \frac{1}{s_1'} = \frac{2}{r}, \qquad \frac{1}{s_2} + \frac{1}{s_2'} = \frac{2}{r}$$

さらに,倍率の関係から,式 (2.66) で $n' = -n = -1$ とした式を用いて,

$$\frac{s_1'}{(-1)s_1} = -2, \qquad \frac{s_2'}{(-1)s_2} = -3$$

である.これらの条件から,

$$s_1 = \frac{3r}{4},\quad s_1' = \frac{3r}{2},\quad s_2 = \frac{2r}{3},\quad s_2' = 2r$$

が得られる.また,スクリーンの移動量の関係から,

$$s_2' = s_1' - 750$$

より,

$$2r = 3r/2 - 750$$

である.したがって,$r = -1500\ [\mathrm{mm}]$ となる.物体の移動距離は,次のように求まる.

$$s_2 - s_1 = 2r/3 - 3r/4 = -r/12 = 125\ [\mathrm{mm}]$$

第 3 章

[3.1] (1) 薄肉レンズの焦点距離の公式 (3.7) より,$r_1 = 100$,$r_2 = -100$ として,

$$\frac{1}{f'} = (1.5-1)\left\{\frac{1}{100} - \frac{1}{(-100)}\right\} = \frac{1}{100}$$

から，$f' = 100$ [mm] となる．
(2) 同様に，$f' = 160$ [mm] となる．
(3) $r_1 = \infty$, $r_2 = -100$，もしくは，$r_1 = 100$, $r_2 = -\infty$ より，$f' = 200$ [mm] となる．
(4) $r_1 = \infty$, $r_2 = 100$，もしくは，$r_1 = -100$, $r_2 = \infty$ より，$f' = -200$ [mm] となる．
(5) $r_1 = -100$, $r_2 = 400$ より，$f' = -160$ [mm] となる．

[3.2] 薄肉レンズの焦点距離の公式 (3.7) と組み合わせレンズの焦点距離の公式 (3.18) を使う．C 線と F 線に関する 2 枚のレンズの焦点距離は，

$$\frac{1}{f_{1C}} = (n_{1C} - 1)\left(\frac{1}{r_{11}} - \frac{1}{r_{12}}\right), \quad \frac{1}{f_{1F}} = (n_{1F} - 1)\left(\frac{1}{r_{11}} - \frac{1}{r_{12}}\right)$$

$$\frac{1}{f_{2C}} = (n_{2C} - 1)\left(\frac{1}{r_{21}} - \frac{1}{r_{22}}\right), \quad \frac{1}{f_{2F}} = (n_{2F} - 1)\left(\frac{1}{r_{21}} - \frac{1}{r_{22}}\right)$$

である．また，組み合わせレンズの焦点距離は，

$$\frac{1}{f_C} = \frac{1}{f_{1C}} + \frac{1}{f_{2C}}, \quad \frac{1}{f_F} = \frac{1}{f_{1F}} + \frac{1}{f_{2F}}$$

である．色消しの条件は，$f_C = f_F$ であるので，次式のようになる．

$$(n_{1C} - n_{1F})\left(\frac{1}{r_{11}} - \frac{1}{r_{12}}\right) + (n_{2C} - n_{2F})\left(\frac{1}{r_{21}} - \frac{1}{r_{22}}\right) = 0$$

これから，組み合わされるレンズは，必ず凸レンズと凹レンズでなくてはならないことがわかる．

[3.3] 媒質中のレンズの焦点距離を与える式 (3.12) より，

$$4 = \frac{4/3(n-1)}{n - 4/3}$$

となる．したがって，$n = 1.5$ と求まる．

[3.4] 例題 3.4 と同様に考えると，両凹レンズでは，主点位置はレンズの内側，平凹レンズでは，一方の主点はレンズの内側，もう一方の主点は，凹面上に位置する．

[3.5] 図 B.1 のようになる．

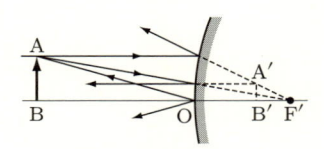

図 B.1 凸面鏡の結像

[3.6] 図 B.2 のようになる．点 A から出て，光軸に平行に進む光線は点 C で主平面 H に到達する．同じく，点 A から出て焦点 F を通る光線は，点 D で主平面 H に到達する．二つの主平面の間は倍率 1 の結像関係にあるから，主平面 H' では，点 C, D は点 C', D' に結像している．光軸に平行に進み点 C' を通る光線は，焦点 F' を通る．焦点 F を通って点 D' に来た光線は，光軸に平行に進む．

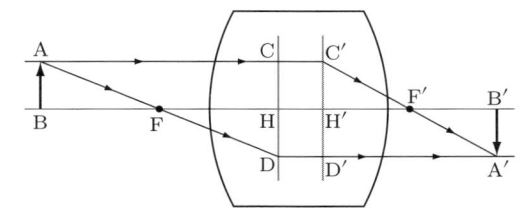

図 B.2 厚肉レンズの結像

[3.7] 図 3.12 において，焦点の側にレンズの平面側を向けた方が球面収差が少ないことがわかる．光線の向きを逆にたどれば，点光源に対してレンズの平面側を向けた方が出射光線は平行になる．収差を少なくするには，屈折面における光線の振れをなるべく小さくすることが重要である．図 3.12 の例からもこのことがわかる．細いレーザー光ビームを広げる目的で使用される光束拡大器 (ビームエキスパンダー) は，2 枚の平凸レンズを用いる場合には，互いの平面を対向させるように配置するとよい．

[3.8] 図 B.3 を参考に，結像の式を求めると，次のようになる．

$$-\frac{1}{s_1} + \frac{1}{s_1'} = \frac{1}{f_1'}, \quad -\frac{1}{s_2} + \frac{1}{s_2'} = \frac{1}{f_2'}$$

また，$d = s_1' - s_2$ である．厚肉レンズの場合と同様に，レンズ L_1 から前側主点 H までの距離を a，レンズ L_2 から後側主点 H′ までの距離を a' とすると，

$$-\frac{1}{s_1 - a} + \frac{1}{s_2' - a'} = \frac{1}{f'}$$

となるはずである．なぜなら，主平面を基準として距離や焦点距離を定義すると，レンズの結像式 (3.6) が成立するからである．

計算を進めよう．まず，s_1' と s_2 を消去する．

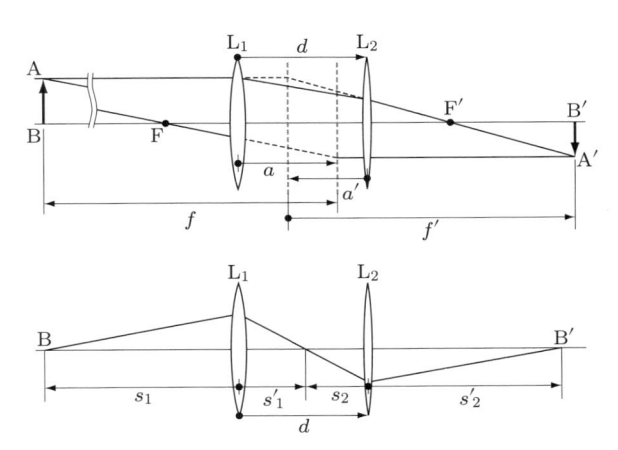

図 B.3 2 枚のレンズによる結像

$$d = \frac{s_1 f_1'}{s_1 + f_1'} - \frac{-s_2' f_2'}{s_2' - f_2'}$$

$$s_1 f_1'(s_2' - f_2') + s_2' f_2'(s_1 + f_1') = d(s_1 + f_1')(s_2' - f_2')$$

$$s_1 s_2'(f_1' + f_2' - d) - s_1 f_1' f_2' + s_2' f_1' f_2' + f_2' s_1 d - f_1' s_2' d + f_1' f_2' d = 0$$

$$s_1 s_2' + \frac{f_2' d}{f_1' + f_2' - d} s_1 - \frac{f_1' d}{f_1' + f_2' - d} s_2' - \frac{f_1' f_2'}{f_1' + f_2' - d} s_1 + \frac{f_1' f_2'}{f_1' + f_2' - d} s_2'$$
$$+ \frac{f_1' f_2' d}{f_1' + f_2' - d} = 0$$

ここで,

$$a = \frac{f_1' d}{f_1' + f_2' - d}, \quad a' = -\frac{f_2' d}{f_1' + f_2' - d}, \quad f' = \frac{f_1' f_2'}{f_1' + f_2' - d}$$

とすると,

$$s_1 s_2' - a' s_1 - a s_2' - f' s_1 + f' s_2' + \frac{f_1' f_2' d}{f_1' + f_2' - d} = 0$$

$$(s_1 - a)(s_2' - a') - aa' - f'(s_1 - s_2') + \frac{f_1' f_2' d}{f_1' + f_2' - d} = 0$$

となる.また,第2項と第4項に関して,

$$-aa' + \frac{f_1' f_2' d}{f_1' + f_2' - d} = \frac{f_1' f_2' d^2}{(f_1' + f_2' - d)^2} + \frac{f_1' f_2' d}{f_1' + f_2' - d} = \frac{f' d(f_1' + f_2')}{f_1' + f_2' - d} = f'(a - a')$$

であるので,

$$(s_1 - a)(s_2' - a') - f'(s_1 - s_2') + f'(a - a') = 0$$

より,

$$(s_1 - a)(s_2' - a') - f'(s_1 - a) + f'(s_2' - a') = 0$$

が得られる.したがって,

$$-\frac{1}{s_1 - a} + \frac{1}{s_2' - a'} = \frac{1}{f'}$$

となる.ここで,

$$\frac{1}{f'} = \frac{1}{f_1'} + \frac{1}{f_2'} - \frac{d}{f_1' f_2'}$$

であることもわかる.ここで,a, a' は薄肉レンズ L_1 と L_2 から主点 H,H' までの距離であることに注意せよ.

第4章

[4.1]
$$P = -\frac{1}{\infty} + \frac{1}{-4} = -0.25$$

より,-0.25 ジオプターの凹レンズとなる.

[4.2]
$$P = -\frac{1}{-0.25} + \frac{1}{-2} = 3.5$$

より，3.5 ジオプターの凸レンズとなる．

[4.3] ルーペから $s' = -(250 - 20) = -230$ [mm] の位置に虚像ができればよいので，
$$-\frac{1}{s} - \frac{1}{230} = \frac{1}{100}$$
より，$s = -69.7$ となる．よって，レンズの前方 69.7 [mm] に置けばよい．

[4.4] 凸レンズの対物レンズによりできる像の位置に，接眼凹レンズの後側焦点を置く．式 (4.6) より，$f'_o > 0$，$f'_e < 0$ であるので，正立像が観測できる．ガリレオ式望遠鏡の光学系を，図 B.4 に示す．

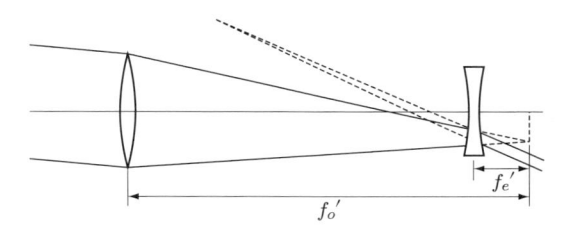

図 B.4 ガリレオ式望遠鏡の結像

[4.5] 図 B.5 において，カバーガラスの厚さを d，その屈折率を n とする．カバーガラスに接している物体を A とし，光線がカバーガラス表面の B で屈折して対物レンズに向かうものとする．入射角と屈折角を θ，θ' とすると，
$$n \sin \theta = \sin \theta'$$
である．対物レンズ側から物体を見ると A′ に見える．物体真上のカバーガラス上面の点を O とすると，次のようになる．
$$\frac{\overline{OB}}{\overline{OA'}} = \tan \theta', \quad \frac{\overline{OB}}{d} = \tan \theta$$
したがって，
$$\overline{OA'} = \frac{d}{n} \cdot \frac{\sqrt{1 - n^2 \sin^2 \theta}}{\cos \theta}$$

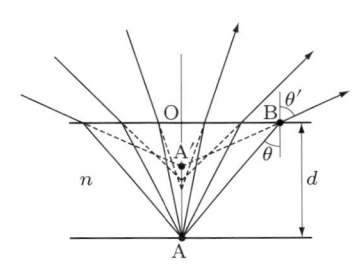

図 B.5 カバーガラスにおける光線

となり，物体から出る光線の方向により，物体が見える位置が異なる．これが球面収差を発生する原因である．NA が小さい場合には，物体はほぼ d/n の位置に見えるが，高倍率のレンズでは NA は大きく，収差の影響が無視できなくなる．

第 5 章

[5.1] 平面波の式 (5.27) を成分に分けて書くと，$u(x,y,z,t) = A\exp\{i(k_x x + k_y y + k_z z - \omega t + \phi)\}$ であるので，式 (5.8) の左辺は，

$$\frac{\partial^2 u}{\partial x^2} + \frac{\partial^2 u}{\partial y^2} + \frac{\partial^2 u}{\partial z^2} = -k_x^2 u - k_y^2 u - k_z^2 u = -(k_x^2 + k_y^2 + k_z^2)u$$

となる．右辺は，

$$\frac{1}{v^2}\frac{\partial^2 u}{\partial t^2} = -\frac{\omega^2}{v^2}u = -k^2 u$$

であり，また，式 (5.20) より，

$$k_x^2 + k_y^2 + k_z^2 = k^2 = \left(\frac{2\pi}{\lambda}\right)^2$$

であるので，両辺は等しい．

[5.2] p 偏光で，媒質 I から媒質 II に光が入射する場合には，式 (5.58)，(5.59) より，

$$t_p = \frac{2n_1 \cos\theta_1}{n_2\cos\theta_1 + n_1\cos\theta_2}, \qquad r_p = \frac{n_2\cos\theta_1 - n_1\cos\theta_2}{n_2\cos\theta_1 + n_1\cos\theta_2}$$

となる．同様に，媒質 II から光が入射する場合には，数式の添え字 1 と 2 を入れ替えて，

$$t'_p = \frac{2n_2 \cos\theta_2}{n_1\cos\theta_2 + n_2\cos\theta_1}, \qquad r'_p = \frac{n_1\cos\theta_2 - n_2\cos\theta_1}{n_1\cos\theta_2 + n_2\cos\theta_1}$$

となる．これから，式 (5.53) が成立するのは明らかである．式 (5.52) については，次のように導かれる．

$$r^2 + tt' = \frac{(n_2\cos\theta_1 - n_1\cos\theta_2)^2}{(n_2\cos\theta_1 + n_1\cos\theta_2)^2} + \frac{2n_1\cos\theta_1}{n_2\cos\theta_1 + n_1\cos\theta_2} \cdot \frac{2n_2\cos\theta_2}{n_1\cos\theta_2 + n_2\cos\theta_1}$$

$$= \frac{(n_2\cos\theta_1 + n_1\cos\theta_2)^2}{(n_2\cos\theta_1 + n_1\cos\theta_2)^2} = 1$$

[5.3] まず，式 (5.69) について，次のようになる．

$$T_s + R_s = \frac{\sin 2\theta_1 \sin 2\theta_2}{\sin^2(\theta_1+\theta_2)} + \frac{\sin^2(\theta_1-\theta_2)}{\sin^2(\theta_1+\theta_2)}$$

$$= \frac{2\sin\theta_1\cos\theta_1 \cdot 2\sin\theta_2\cos\theta_2}{\sin^2(\theta_1+\theta_2)} + \frac{(\sin\theta_1\cos\theta_2 - \cos\theta_1\sin\theta_2)^2}{\sin^2(\theta_1+\theta_2)}$$

$$= \frac{(\sin\theta_1\cos\theta_2 + \cos\theta_1\sin\theta_2)^2}{\sin^2(\theta_1+\theta_2)} = \frac{\sin^2(\theta_1+\theta_2)}{\sin^2(\theta_1+\theta_2)} = 1$$

また，式 (5.70) については，次のようになる．

$$T_p + R_p = \frac{\sin 2\theta_1 \sin 2\theta_2}{\sin^2(\theta_1+\theta_2)\cos^2(\theta_1-\theta_2)} + \frac{\tan^2(\theta_1-\theta_2)}{\tan^2(\theta_1+\theta_2)}$$

$$= \frac{\sin 2\theta_1 \sin 2\theta_2}{\sin^2(\theta_1+\theta_2)\cos^2(\theta_1-\theta_2)} + \frac{\cos^2(\theta_1+\theta_2)\cdot \sin^2(\theta_1-\theta_2)}{\sin^2(\theta_1+\theta_2)\cdot \cos^2(\theta_1-\theta_2)}$$

$$= \frac{\sin 2\theta_1 \sin 2\theta_2}{\sin^2(\theta_1+\theta_2)\cdot \cos^2(\theta_1-\theta_2)} + \frac{\{(\sin 2\theta_1 - \sin 2\theta_2)/2\}^2}{\sin^2(\theta_1+\theta_2)\cdot \cos^2(\theta_1-\theta_2)}$$

$$= \frac{\{(\sin 2\theta_1 + \sin 2\theta_2)/2\}^2}{\sin^2(\theta_1+\theta_2)\cdot \cos^2(\theta_1-\theta_2)} = \frac{\sin^2(\theta_1+\theta_2)\cos^2(\theta_1-\theta_2)}{\sin^2(\theta_1+\theta_2)\cos^2(\theta_1-\theta_2)}$$

$$= 1$$

[5.4] 式 (5.72) より，次のように求まる．
$$R = \left(\frac{n_1-n_2}{n_1+n_2}\right)^2 = \left(\frac{1-2.42}{1+2.42}\right)^2 = 0.172$$

[5.5] 関数 $g(t)$ は，
$$g(t) = \begin{cases} 1+4t/T & (-T/2 \leq t \leq 0) \\ 1-4t/T & (0 \leq t \leq T/2) \end{cases}$$

と書ける．偶関数なので，$b_n = 0$ である．a_n は，次のようになる．

$$a_0 = \frac{2}{T}\int_{-T/2}^{T/2} g(t)\,\mathrm{d}t = 0$$

$$a_n = \frac{2}{T}\int_{-T/2}^{T/2} g(t)\cos n\omega_0 t\,\mathrm{d}t \quad (n \neq 0)$$

$$= \frac{2}{T}\int_{-T/2}^{T/2}\cos n\omega_0 t\,\mathrm{d}t + \frac{2}{T}\int_{-T/2}^{0}\frac{4t}{T}\cos n\omega_0 t\,\mathrm{d}t - \frac{2}{T}\int_{0}^{T/2}\frac{4t}{T}\cos n\omega_0 t\,\mathrm{d}t$$

ここで，$t = -\tau$ とおいて，

$$a_n = \frac{8}{T^2}\int_{T/2}^{0}(-\tau)\cos\{n\omega_0(-\tau)\}(-\mathrm{d}\tau) - \frac{8}{T^2}\int_{0}^{T/2} t\cos n\omega_0 t\,\mathrm{d}t$$

$$= \frac{8}{T^2}\int_{T/2}^{0}\tau\cos n\omega_0\tau\,\mathrm{d}\tau - \frac{8}{T^2}\int_{0}^{T/2} t\cos n\omega_0 t\,\mathrm{d}t$$

$$= -\frac{16}{T^2}\int_{0}^{T/2} t\cos n\omega_0 t\,\mathrm{d}t$$

となる．部分積分を用いて，

$$\int_{0}^{T/2} t\cos n\omega_0 t\,\mathrm{d}t = \frac{1}{n\omega_0}\Big[t\sin n\omega_0 t\Big]_{0}^{T/2} - \frac{1}{n\omega_0}\int_{0}^{T/2}\sin n\omega_0 t\,\mathrm{d}t$$

$$= \frac{1}{(n\omega_0)^2}\Big[\cos n\omega_0 t\Big]_{0}^{T/2} = \frac{1}{(2n\pi/T)^2}(\cos n\pi - 1)$$

であるから，

$$a_n = -\frac{4}{n^2\pi^2}(\cos n\pi - 1) = -\frac{4}{n^2\pi^2}\{(-1)^n - 1\}$$

である．したがって，
$$g(t) = \frac{8}{\pi^2}\left(\cos\omega_0 t + \frac{1}{3^2}\cos 3\omega_0 t + \frac{1}{5^2}\cos 5\omega_0 t + \cdots\right)$$
となる．

[5.6]
$$F_1(\omega) = \int_{-\infty}^{\infty} f(at)\exp(-i\omega t)\,dt$$
とする．ここで，$t' = at$ とおくと，
$$F_1(\omega) = \int_{-\infty}^{\infty} f(t')\exp(-i\omega t'/a)\,dt'/a$$
$$= \frac{1}{a}\int_{-\infty}^{\infty} f(t')\exp(-i\omega/at')\,dt'$$
$$= \frac{1}{a}F\left(\frac{\omega}{a}\right)$$
$$F_2(\omega) = \int_{-\infty}^{\infty} f(t-b)\exp(-i\omega t)\,dt$$
となる．ここで，$t'' = t - b$ とおくと，次のようになる．
$$F_2(\omega) = \int_{-\infty}^{\infty} f(t'')\exp\bigl\{-i\omega(t''+b)\bigr\}\,dt''$$
$$= \int_{-\infty}^{\infty} f(t'')\exp(-i\omega t'')\exp(-ib\omega)\,dt''$$
$$= \exp(-ib\omega)\int_{-\infty}^{\infty} f(t'')\exp(-i\omega t'')\,dt''$$
$$= \exp(-ib\omega)F(\omega)$$

第6章

[6.1] (a) $I_{\max} = 5$，$I_{\min} = 2$ であるので，式 (6.9) より，次のように求まる．
$$V = \frac{I_{\max} - I_{\min}}{I_{\max} + I_{\min}} = \frac{5-2}{5+2} = \frac{3}{7} = 0.43$$

(b) 図 B.6 を参考にすると，スクリーンに対して入射角 $\pm\theta$ で入射する平面波は式 (5.21) で表されるので，両平面波の位相は，
$$\phi_1(x) = -\frac{2\pi x\sin\theta}{\lambda} \qquad \phi_2(x) = \frac{2\pi x\sin\theta}{\lambda}$$
である．よって，
$$\delta(x) = \phi_2(x) - \phi_1(x) = \frac{4\pi x\sin\theta}{\lambda}$$
となる．干渉縞は，次のようになる．
$$I = A_1^2 + a_2^2 + 2A_1 A_2\cos\delta(x) = A_1^2 + a_2^2 + 2A_1 A_2\cos\left(\frac{4\pi x\sin\theta}{\lambda}\right)$$

したがって，干渉縞の周期は，$\Lambda = \lambda/(2\sin\theta)$ である．図 6.18 から $\Lambda = 0.02$ [mm] であるので，次のように求まる．

$$\sin\theta = \lambda/(2\Lambda) = 633 \cdot 10^{-6}/(2 \cdot 0.02) = 0.0158$$

$$\Theta = 2\theta = 0.0317 \text{ [rad]} = 1.8°$$

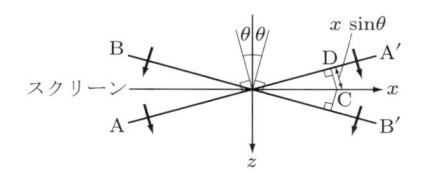

図 B.6 二光束干渉における平面波の重ね合わせ

[6.2] ガラス板を通過する光の光学的距離は nd である．同じ厚さの空気層を光が通過する場合には d であるので，ガラス板を挿入したことによる位相差の変化は $\delta = 2\pi(n-1)d/\lambda$ である．したがって，ヤングの干渉縞は $(n-1)d/\lambda$ 本だけ横にずれる．

[6.3] いままでは，複スリットに平面波が入射する場合を考えていたが，ここでは，スリットに入射する光に光路差があるとしなければならない．光源 S_0 からスリット S_1, S_2 までの距離は，それぞれ

$$r_1 = \sqrt{R^2 + (\Delta - d/2)^2} \approx R + \frac{1}{2}\frac{(\Delta - d/2)^2}{R}$$

$$r_2 = \sqrt{R^2 + (\Delta + d/2)^2} \approx R + \frac{1}{2}\frac{(\Delta + d/2)^2}{R}$$

であるので，スリットに入射する前の光の位相差は

$$\delta(x) = k(r_2 - r_1) = \frac{2\pi d\Delta}{\lambda R}$$

となる．この位相差が，式 (6.31) の位相差に加わるので，この位相差によってヤングの干渉縞は横にずれる．

[6.4] 式 (6.45) を用い，上方から観測しているので $i = 0$ とすると，次のように求まる．

$$\lambda = 2n\psi x = 2 \times 1 \times 1 \cdot 10^{-4} \times 2 = 4 \cdot 10^{-4} = 400 \text{ [nm]}$$

[6.5] 式 (6.48) より，次のようになる．

$$r^2 = mR\lambda_0$$

ここで，λ_0 は媒質中の波長であるので，これを真空中の波長 λ に直して

$$\lambda_0 = \lambda/n$$

となる．したがって，

$$\lambda = \frac{r^2}{R} \times \frac{n}{m} = \frac{4^2}{10^4} \times \frac{1.333}{4} = 5.33 \times 10^{-4}$$

となり，波長は，533 [nm] となる．

[6.6] 薄膜の干渉では，膜の表面と裏面での反射により，式 (6.44) の条件で明暗の縞が見える．入射光線が白色であるときには，明暗の条件は波長によって異なるので，膜が薄いときには膜は色づいて見える．しかし，膜が厚くなると，各波長の縞の間隔が狭くなり密集して白色になるため，色はついて見えない．

また，白色光の可干渉距離が膜厚よりも大きくなると，干渉の現象が現れなくなると説明することもできる．

[6.7] 図 B.7 を参考にする．ニュートンリングの半径の式 (6.46) から，m 番目のリングができた場所において，二つの球面が同時に接する面から各球面までの距離は，

$$d_1 = \frac{r^2}{2R_1}, \qquad d_2 = \frac{r^2}{2R_2}$$

である．したがって，両面の間隔は $d = d_1 - d_2$ であるので，

$$r^2 \left(\frac{1}{R_1} - \frac{1}{R_2}\right) = \begin{cases} (2m+1)\lambda/2 & :\text{明リング} \\ m\lambda & :\text{暗リング} \end{cases}$$

となる．この式は凸面と凹面が接した場合であるが，凸面と凸面が接する場合には，$R_2 < 0$ とすればよい．

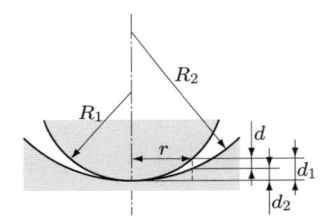

図 B.7 二つの球面によるニュートンリング

[6.8] まず，$\nu = c/\lambda$ を微分して，

$$\Delta\nu = -c\frac{\Delta\lambda}{\lambda^2}$$

となる．絶対値のみを考えるとして，この式と式 (6.69) を，式 (6.64) に代入すると，式 (6.70) が導かれる．

$$l_c = c\tau_c = c\frac{1}{\Delta\nu} = \frac{\lambda^2}{\Delta\lambda}$$

第 7 章

[7.1] 式 (7.38) もしくは式 (6.32) より，縞ピーク位置は $\cos^2\{(\pi dx)/(\lambda r_0)\} = 1$ より求められるので，$(\pi dx)/(\lambda r_0) = \pi$ より，次のように求まる．

$$x = \frac{\lambda r_0}{d} = \frac{630 \times 10^{-6} \times 2 \times 10^3}{1} = 1.26 \text{ [mm]}$$

[7.2] 式 (7.7) より，定数項を無視して，
$$u(x) = \int_{-w/2}^{w/2} \exp\left\{\frac{i\pi}{\lambda r_0}(x-\xi)^2\right\} \mathrm{d}\xi$$
を計算すればよい．式 (7.9)〜(7.11) のように置き換える．ただし，$\xi_1 = -w/2$，$\xi_2 = w/2$ とすると，
$$\alpha_1 = \sqrt{\frac{2}{\lambda r_0}}\left(x + \frac{w}{2}\right), \qquad \alpha_2 = \sqrt{\frac{2}{\lambda r_0}}\left(x - \frac{w}{2}\right)$$
である．よって，次のようになる．
$$u(x) = \sqrt{\frac{\lambda r_0}{2}}\left[\{C(\alpha_1) - C(\alpha_2)\} + i\{S(\alpha_1) - S(\alpha_2)\}\right]$$
強度分布は，次式となる．
$$I(x) = |u|^2 = I_0\left[\left\{C\left(\sqrt{\frac{2}{\lambda r_0}}\left(x + \frac{w}{2}\right)\right) - C\left(\sqrt{\frac{2}{\lambda r_0}}\left(x - \frac{w}{2}\right)\right)\right\}^2 \right.$$
$$\left. + \left\{S\left(\sqrt{\frac{2}{\lambda r_0}}\left(x + \frac{w}{2}\right)\right) - S\left(\sqrt{\frac{2}{\lambda r_0}}\left(x - \frac{w}{2}\right)\right)\right\}^2\right]$$

[7.3] 式 (7.28) より，定数項を無視して，
$$u(x) = \int_{-w/2}^{0}(-1)\exp\left(-i\frac{2\pi}{\lambda r_0}x\xi\right)\mathrm{d}\xi + \int_{0}^{w/2}\exp\left(-i\frac{2\pi}{\lambda r_0}x\xi\right)\mathrm{d}\xi$$
$$= -\left[\frac{\exp(-i\frac{2\pi}{\lambda r_0}x\xi)}{-i\frac{2\pi}{\lambda r_0}x}\right]_{-w/2}^{0} + \left[\frac{\exp(-i\frac{2\pi}{\lambda r_0}x\xi)}{-i\frac{2\pi}{\lambda r_0}x}\right]_{0}^{w/2}$$
$$= -\frac{1 - \exp(i\frac{\pi w}{\lambda r_0}x)}{-i\frac{2\pi}{\lambda r_0}x} + \frac{\exp(-i\frac{\pi w}{\lambda r_0}x) - 1}{-i\frac{2\pi}{\lambda r_0}x}$$
$$= \frac{2\cos\left(\frac{\pi w}{\lambda r_0}x\right) - 2}{-i\frac{2\pi}{\lambda r_0}x}$$
となる．強度分布は，次式となる．
$$I(x) = |u(x)|^2 = w^2\frac{\left\{\cos\left(\frac{\pi w}{\lambda r_0}x\right) - 1\right\}^2}{\left(\frac{\pi w}{\lambda r_0}x\right)^2}$$
中央が強度 0 で，その両側に強度のピークが現れる．これは，単スリットの場合と著しく異なる．中央のくぼみの幅は，単スリットの回折像の幅よりも狭い．図 B.8 に，$\{\cos(\pi x) - 1\}^2/(\pi x)^2$ と $\sin^2(\pi x)/(\pi x)^2$ のグラフを示す．

[7.4] 式 (7.50) より，$\theta_1 = 0$，$\theta_2 = \pi/6$，$d = 1/420$，$m = 2$ とおけば，次のように求まる．
$$\lambda = \frac{d\sin\theta_2}{m} = \frac{1/420 \cdot 1/2}{2} = 5.95 \times 10^{-4}\,[\text{mm}] = 595\,[\text{nm}]$$

図 B.8 $\frac{\{\cos(\pi x)-1\}^2}{(\pi x)^2}$ と $\frac{\sin^2(\pi x)}{(\pi x)^2}$ のグラフ

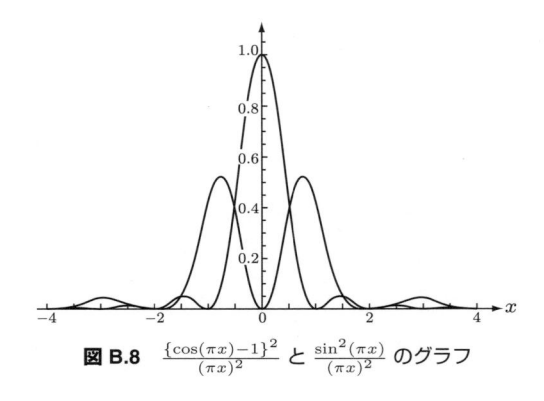

[7.5] 回折角の式 (7.49) より,

$$\theta = m\lambda/d$$

となる. したがって, 次式となる.

$$\frac{\mathrm{d}\theta}{\mathrm{d}\lambda} = m/d$$

[7.6] 回折格子のフラウンホーファー回折像の式 (7.47) において, 各次数の回折光のピーク位置は, $\sin^2\{(\pi dx)/(\lambda r_0)\} = 0$ より $x = m\lambda r_0/d$ となり, ピークにもっとも近い極小の位置は, $\sin^2\{(\pi N dx)/(\lambda r_0)\} = 0$ より, $x = \lambda r_0/Nd$ となる. したがって, m 次のピークにもっとも近い極小の位置は, $x = (m \pm 1/N)\lambda r_0/d$ であることがわかる. いま, 波長 λ の光と $\lambda + \Delta\lambda$ の光が回折格子に入射した場合を考える. レイリーの基準に従うと, 分解できる限界は, 波長 λ のピーク位置と, $\lambda + \Delta\lambda$ の極小位置が一致したところで決まるので,

$$m\frac{\lambda r_0}{d} = \left(m \pm \frac{1}{N}\right)\frac{(\lambda + \Delta\lambda)r_0}{d}$$

である. したがって,

$$\frac{\lambda}{\Delta\lambda} = |mN \pm 1| \approx |mN|$$

となり, 回折格子の分解能は, 格子ピッチによらず格子線の数 N に比例する.

[7.7] 近軸光学系では, 物体の大きさと像の大きさの比は, 物体までの距離と像までの距離の比に等しいので, 式 (7.52) から, 次のように求まる.

$$Res = 1.22\frac{\lambda L}{D} = 1.22 \times \frac{500 \times 10^{-6} \times 250}{3} = 5.08 \times 10^{-4} \text{ [mm]} = 51 \text{ [}\mu\text{m]}$$

[7.8] 式 (7.52) により, 見わけうる最小の角は, $\theta_R = 1.22\lambda/D$ で与えられるので, 次のようになる.

$$\theta_R = 1.22 \times \frac{500 \times 10^{-6}}{8.2 \times 10^3} = 7.44 \times 10^{-8} \text{ [rad]} = 0.015''$$

第 8 章

[8.1] (1) ガラス面での反射はフレネルの反射係数に従って，偏光によって異なる反射率をもつ．
(3) 湖面で反射される光の反射率は，フレネルの反射係数により偏光によって異なる．
(4) 液晶表示素子は，液晶によって透過光もしくは反射光の強度を変調している．

[8.2] セロファンは，シート状に加工する段階で材料を延伸するので，これを構成している高分子が配向して複屈折性が生じ，波長板としての働きをもつ．このことにより，直交して配置された偏光子を透過する光が生じる．

[8.3] 第1の偏光板と第2の偏光板の透過軸が両者とも同じ方向であると，最大の透過光を得る．この方向を x 軸方向とする．第1の偏光板を θ 回転させたときの偏光の振幅を A とすると，この振幅の x 方向成分は $A\cos\theta$ となるので，透過強度は $A^2\cos^2\theta = A^2(1+\cos 2\theta)/2$ である．よって，$1+\cos 2\theta$ で変化する．

[8.4] 式 (8.16)，(8.17) で表される入射光に対し，x 軸方向の振動に π の位相遅れを与えると，

$$E_x(z,t) = A\cos(kz - \omega t + \pi) = -A\cos(kz - \omega t)$$

となり，透過波の振動方向は x 軸に対して $-45°$ 方向となる．

[8.5] たとえば，1/4 波長板の速軸が x 軸方向を向いて配置されていたとすると，直線偏光子と 1/4 波長板を通過した光は左回り円偏光になる．平面反射鏡で反射された偏光は右回り円偏光となり，

$$E_x(z,t) = A\cos(kz - \omega t)$$
$$E_y(z,t) = A\sin(kz - \omega t)$$

と表すことができる．
右回り偏光が x 軸方向を速軸とした 1/4 波長板を透過すると，

$$E_x(z,t) = A\cos(kz - \omega t)$$
$$E_y(z,t) = A\sin(kz - \omega t + \pi/2) = A\cos(kz - \omega t)$$

となり，x 軸に対して，45°方向に振動する直線偏光となる．ところが，反射光は進行方向が入射光と逆向きであるので，もとの偏光子の透過軸は，反射光に対しては $-45°$ 方向に向いていることになり，反射光はこの偏光子を透過できない．

第 9 章

[9.1] 式 (9.6) から，$z = 10$ [mm] のとき，$I/I(0) = 0.95$ であるので，

$$0.95 = \exp(-10\alpha)$$

より，$z = 200$ のときには，

$$I/I(0) = \exp(-200\alpha) = \{\exp(-10\alpha)\}^{20} = (0.95)^{20} = 0.36$$

となる．したがって，強度は 36%になる．

[9.2] 半導体レーザーは，厚さ 0.1 [μm] 程度，横幅 2 [μm] 程度のきわめて狭い領域からビームが射出される．このため，回折の効果により楕円状にビームが広がる．

[9.3] (1) 波長が小さいので，プランクの式 (9.10) の分母は，$\exp(h\nu/k_B T) - 1 \approx \exp(h\nu/k_B T)$ と近似できる．したがって，

$$M_0(\lambda, T)\mathrm{d}\lambda = \frac{2\pi hc^2}{\lambda^5} \exp\left(\frac{-h\nu}{k_B T}\right) \mathrm{d}\lambda$$

が得られる．

(2) 二つの温度 T_1 と T_2 について，上式が成立するとして，これの対数をとると，

$$\log\{M_0(\lambda, T_1)\} + \log(\mathrm{d}\lambda) = \log\left(\frac{2\pi hc^2}{\lambda^5}\right) - h\nu/k_B T_1 + \log(\mathrm{d}\lambda)$$

$$\log\{M_0(\lambda, T_2)\} + \log(\mathrm{d}\lambda) = \log\left(\frac{2\pi hc^2}{\lambda^5}\right) - h\nu/k_B T_2 + \log(\mathrm{d}\lambda)$$

となる．両者の差をとって整理すると，次のようになる．

$$\log \frac{M_0(\lambda, T_1)}{M_0(\lambda, T_2)} = \frac{h\nu}{k_B}\left(\frac{1}{T_2} - \frac{1}{T_1}\right)$$

したがって，温度 T_2 が既知ならば，放射発散度の比が測定できれば，温度 T_1 が測定できる．

第 10 章

[10.1] (4) が誤り．視感度曲線は，暗所と明所とでは異なる．また，暗さが増すと色覚はなくなる．

[10.2] 図 B.9 において，光源上の単位面積から点 P 方向への単位立体角当たりに出る光束は，$L\cos\theta$ である．また，式 (10.8) より，円板光源の中心から半径 r，幅 $\mathrm{d}r$ の円環上の部分から来る光による点 P の照度は，$2\pi r\,\mathrm{d}r \cdot (L\cos\theta)\cos\theta/(r^2+l^2)$ である．円板光源全体では，$\cos\theta = l/\sqrt{r^2+l^2}$ であることを使って，次式となる．

$$E = \int_0^R \frac{L\cos^2\theta}{r^2+l^2} 2\pi r\,\mathrm{d}r = 2\pi L l^2 \int_0^R \frac{r}{(r^2+l^2)^2}\,\mathrm{d}r = 2\pi L l^2 \cdot \frac{R^2}{2(R^2+l^2)l^2}$$

$$= \frac{\pi R^2 L}{R^2 + l^2}$$

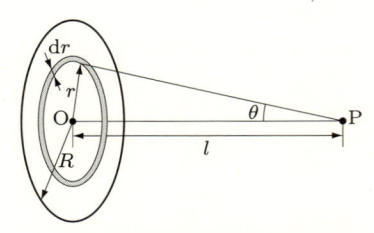

図 B.9　円板光源による照度の計算

参考書

本書を学ぶうえでの参考書と，さらに勉強するための参考書を掲げる．

多くの名著が現在絶版になっている．ここでは，現在書店から入手可能と思われる参考書と，本書を執筆するうえで参考にさせていただいたものを示す．

一般的な参考書

1) 櫛田孝司：光物理学，共立出版 (1983)
2) 青木貞雄：光学入門，共立出版 (2002)
3) 山崎正之，陳軍，若木守明：波動光学入門，実教出版 (2004)
4) 谷田貝豊彦：応用光学，光計測入門　第二版，丸善 (2005)
5) 大津元一，田所利康：光学入門，朝倉書店 (2008)

やや高度な参考書

1) 辻内順平：光学概論 I, II, 朝倉書店 (1979)
2) 鶴田匡夫：応用光学 I, II, 培風館 (1990)
3) E. ヘクト（尾崎，朝倉訳）：ヘクト光学 I, II, III, 丸善 (2002)
4) M. ボルン，E. ウルフ（草川徹訳）：光学の原理第 7 版 1, 2, 3, 東海大学出版会 (2005)
5) B.E.A. サレー，M.C. タイヒ（尾崎，朝倉訳）：基本 光工学 I, II, 森北出版 (2006)

個別の事項に関する参考書

幾何光学

1) 三宅和夫：幾何光学，共立出版 (1979)
2) 応用物理学会光学懇話会編：幾何光学，森北出版 (1975)

物理光学

1) D. Meschede：*Optics, Light and Lasers*, Wiley-VCH (2007)
2) 辻内順平：ホログラフィ，裳華房 (1997)
3) 応用物理学会光学懇話会編：結晶光学，森北出版 (1975)

偏光

1) D. Goldstein：*Polarized Light, 2nd ed.*, Marcel Dekker (2003)
2) E. Collett：*Field Guide to Polarized Light*, SPIE Press (2005)
　　（邦訳；笠原一郎：フィールドガイド偏光，オプトロニクス社 (2008)）

色と測光

1) 金子隆芳：色の科学，朝倉書店（1995）

2) W. L. Wolfe : *Introduction to Radiometry*, SPIE Press (1998)

フーリエ変換
1) 谷田貝豊彦:光とフーリエ変換,朝倉書店 (1992)

索　引

■ 英字先頭 ■

C 線　51
CIE　147
F 線　51
F ナンバー　125
NA　58
p 偏光　71
s 偏光　71
X 線結像素子　124
xy 色度図　148
XYZ 表色系　147

■ あ ■

アイソレーター　137
アインシュタイン　8, 142, 143
明るさ　151
厚肉レンズ　44
アッベの不変量　34
アポロ 11 号　119
アリストテレス　3
アルキメデス　2
アルハーゼン　3
合わせ鏡　19
暗縞　91
異常光線　134
異常分散　141
位相　61, 66
　──共役波　128
　──差　90
　──情報の記録　126
　初期──　61
　──速度　88, 140
　──の飛び　70, 71, 93, 95
異方性　135
　──媒質　68
色　147
色温度　150
色消しレンズ　51
色収差　4, 50, 56
インコヒーレント光　102
ウィーンの放射則　145
後側焦点距離　39
薄肉レンズ　39

　──の結像式　40
　──の焦点距離　40
エアリーの円盤　118, 124
液晶　135
　コレステリック──　135
　スメクティック──　135
　ネマティック──　135
　──表示素子　135
液浸　58
X 線結像素子　124
xy 色度図　148
XYZ 表色系　147
エーテル　8
NA　58
エネルギー　67
　──準位　144
　──保存則　75
　──レベル　142, 144
F ナンバー　125
遠隔作用説　3
遠視眼　53
遠点　53
円偏光　131
　左回り──　131
　右回り──　131
オイラー　8

■ か ■

開口関数　109
開口数　58
回折　6
　──格子　120
　フラウンホーファー──　114
　フレネル──　110
　フレネル－キルヒホッフの──式　109
　ホイヘンスの原理による──の説明　107
回折格子　120
　──の波長分解能　128
　──の分散度　128
解像力　58, 125
ガウス形関数　83

鏡検流計　21
可干渉
　──距離　102
　──時間　102
可干渉性
　空間的──　104
　時間的──　102
角周波数　61
拡大鏡　54
角度　151
　──の符号　29
角倍率　54
角分散　128
角膜屈折矯正手術　53
重ね合わせ　85
　──の原理　76
可視光　10, 12
カバーガラス　59, 163
ガボーア　9
ガリレイ　3, 6
カルサイト　134
眼鏡　53
干渉　6, 85
　多光束──　98
　等厚──　94
　等傾角──　93
　二光束──　89
　薄膜の──　92
干渉計　96
　共通光路──　97
　ジャマン──　97
　トワイマン－グリーン──　96
　フィゾー──　97
　マイケルソン──　97
　マッハ－ツェンダー──　97
干渉性　102
干渉フィルター　102
桿体　146
カンデラ　152
ガンマ関数　156
幾何光学　16
奇関数　79

索引

輝度　152
逆進の原理　70
吸収　140
　——係数　140
級数展開　154
球面収差　50, 56
球面波　63, 65
共軸　47
　——光学系　42, 47
共振器　144
共通光路干渉計　97
強度　152
　——透過率　74
　——反射率　74
共役　35, 40
距離の符号　29
キルヒホッフ　6, 109
近視眼　53
近軸光線　31
近接作用説　3
近点　53
空間周波数　83, 114
偶関数　79
矩形関数　82
屈折　16, 68
　——角　17
　　球面での——　33
　　——の法則　23, 69
　　プリズムの——　25
　　ホイヘンスの原理による——の説明　108
屈折望遠鏡　55
屈折率　17, 24, 62, 140
　——の原因　140
　複素——　140
屈折力　40
　　密着レンズの——　43
クラッド　28
群速度　88
結像　35
　　薄肉レンズの——　40
　　球面での——　34
　　反射鏡の——　32
　　理想——　34, 35
ケプラー　4
原刺激値　147
減衰係数　140
顕微鏡　4, 57
　——対物レンズ　57
　　単式——　4
コア　28
光子　8, 142

　——のエネルギー　10
光軸　29, 39, 42
格子定数　120
光線　16
　異常——　134
　近軸——　31
　常——　134
光束　151
　——拡大器　161
光速度　6, 62
光電管　143
光電効果　143
光電子増倍管　143
光電面　143
光度　152
　——計　153
光波　60
光量子　8
　——説　8, 142
光路長差　90
国際照明委員会　147
黒体の輻射　8
黒体放射　142
コーナーキューブ　20, 119
コーナーミラー　18
コヒーレント光　102
コマ　50, 56
固有角周波数　141
コリメーターレンズ　97
コントラスト　87

■ さ ■

最小振れ角　27
再生光　127
作図　47
三角関数　154
　——の直交関係　78
三原刺激値　147
参照光　126
ジオプター　43
紫外線　10
視覚　146
視角　54
色覚　147
色度図　148
視細胞　13
自然光　67
自然放出　144
シャボン玉　85
ジャマン干渉計　97
周期　62
収差　50

色——　50, 51
　球面——　50
　コマ——　50
　像面湾曲——　50
　非点——　50
　歪曲——　50
周波数　61, 62, 77
　角——　61
　空間——　83
主点　47
主平面　47
常光線　134
焦点　39
　後側——　34
　前側——　34
焦点距離　33, 34, 39
　反射鏡の——　33
照度　152
振動数　61
振幅　61
　——透過係数　71
　——反射係数　71
心理物理量　146
水晶　135
錐体　146
スカラー波　67
ステラジアン　151
ストークスの関係式　71, 98
スネル　3
　——の屈折の法則　17, 22
　——の反射の法則　17, 24
　——の法則　17
すばる望遠鏡　56
スペクトル　8, 27
　——三刺激値　147
　——幅　103
正弦波　61
正常分散　25, 89, 141
赤外線　10
接眼レンズ　55
セロファンテープ　135, 137
遷移　142, 144
全反射　28
鮮明度　87, 102, 104
双曲面　56
増幅　144
像面湾曲　50
速軸　133
ゾンマーフェルト　6

■ た ■

対物レンズ　55

索 引

顕微鏡―― 57
  生物用―― 59
  油浸系―― 58
太陽光 11
楕円偏光 132
楕円率角 130
高さの符号 29
多光束干渉 98
多層膜 102
炭酸カルシウム 134
遅軸 133
蝶の羽の色 85
直線偏光 130
直交関係 78
定在波 85
定常波 85
デカルト 7, 12
デルタ関数 156
電気双極子 138
  ――モーメント 139
電子雲 138
電磁波 10
天体干渉計 104
等厚干渉 94
等傾角干渉 93
透過率
  振幅―― 72
  強度―― 74
等方性 135
  ――媒質 68
度数 44

■ な ■

二光束干渉 89
ニコルプリズム 135
虹 12
2次波 107
入射
  ――角 17
  ――面 17
ニュートン 4, 5
  の結像式 35
  ――の結像式 34, 40
  ――原器 96
  ――リング 95

■ は ■

媒質
  異方性―― 68
  等方性―― 68
倍率

  角―― 54
  拡大鏡の―― 54, 55
  拡大鏡の角―― 54
  顕微鏡―― 57
  望遠鏡―― 55
  横―― 35, 49
波数 61
波長 61
波長板
  1/4―― 134
  1/2―― 134
波動
  ――光学 60
  ――説 5, 91
  ――の合成と分解 77
  ――の独立性 76
  ――の複素表示 66
  ――方程式 60
波面 63, 65, 107
  ――の形状 66
腹 85
バルサム 135
波連 102
ハロ 12
パワー 40
  ――スペクトル 103
反射 16, 68
  ――角 17
  球面での―― 29
  ――の法則 24, 69
  ――防止膜 100
  ――膜 101
反射望遠鏡 56
  カセグレン式―― 56
  ニュートン式―― 56
  リッチー－クレチアン式―― 56
反射率
  振幅―― 72
  強度―― 74
半値幅 83
反転分布 144
光 1
  ――逆進の原理 70
  ――の時代 9
  ――の電磁波説 6
  ――の波動説 6, 91
  ――の粒子説 6
光起電力効果 143
光共振器 144
光強度 152
光高温計 145

光通信 9, 13
光ディスク 14
光てこ 21
光ファイバー 13, 28
非球面 56
比視感度曲線 147
ピタゴラス 3
ビット 14
非点収差 50
ビート 88
ビームエキスパンダー 161
標準比視感度曲線 147, 151
ピンホールカメラ 119
フィゾー 7
  ――干渉計 97
フェルマー 3, 22
  ――の原理 22
フォトダイオード 144
副鏡 56
複屈折 135
複素屈折率 140
複素振幅 66
複素表示 66
複素フーリエ級数 80
複プリズム 91
符号
  角の―― 29
  距離の―― 29
  高さの―― 29
節 85
フック 4, 6
物体光 126
物理量 146
負の温度 144
不変量
  アッベの―― 34
フラウンホーファー 8
フラウンホーファー回折 114
  円形開口の―― 118
  回折格子の―― 121
  矩形開口の―― 116
  スリットの―― 115
  複開口の―― 117
プラトン 2
プランク 8
  ――の式 11, 142
フーリエ
  ――逆変換 82
  ――スペクトル 82
  ――積分表示 82
フーリエ級数 77
  鋸歯状周期―― 84

矩形形周期 —— 78
　複素 —— 80
フーリエ変換　81, 115, 155
　ガウス形関数の —— 83
　矩形関数の —— 82
プリズム　5
　ニコル —— 135
　フレネルの複 —— 91
ブリュースター　21
　—— 角　73
振れ角
　最小 —— 26
　プリズムの —— 26
　平面鏡の —— 18
フレネル　6, 109
　—— 回折　110
　—— 係数　71
　—— 公式　71
　—— 積分　111
　—— ゾーンプレート　123
　—— の複プリズム　91
フレネル–キルヒホッフの回折式　109
フレネル回折　110
　円形開口の —— 113
　スリットの —— 112
　ナイフエッジの —— 110
分解能　124, 125
　波長 —— 128
分極　139
分光　141
　—— 放射発散度　142
分散　25, 88, 140
　異常 —— 141
　—— 関係　88
　正常 —— 25, 89, 141
　—— 度　128
ブンゼン　153
平面鏡　18
平面波　63
ベクトルの公式　155
ベクトル波　67

ベッセル関数　113, 118, 156
偏光　67, 129
　円 —— 131
　楕円 —— 132
　直線 —— 130
偏光子　133
偏光板　133
ボーア　8
　—— の振動数条件　142
ホイヘンス　6
　—— の原理　6, 107
方位角　130
望遠鏡　3, 55
　ガリレイ式 —— 55
　ケプラー式 —— 55
方解石　134
放射束　151
放射発散度　142
放物面　56
包絡面　107
ポラロイド偏光子　133
ホログラフィ　9, 126
ホログラム　127

■ ま ■

マイケルソン　8
　—— 干渉計　97
前側焦点距離　40
マクスウェル　6
マッハ–ツェンダー干渉計　97
万華鏡　21
ミクログラフィア　4
無偏光　67, 129
眼　13, 53
明視の距離　54
明縞　91
メイマン　9
眼鏡　53

■ や ■

ヤング　6, 91
　—— の実験　89

誘導放出　144
油浸　58
横波　67, 129
横倍率　35, 49

■ ら ■

ラジアン　151
リサジュー　130
理想結像　34, 35
リソグラフィ　15
立体角　151
立体像再生　126
粒子説　5
量子力学　8
臨界角　28
輪帯板　123
ルクス　152
ルーメン　151
レイリーの基準　125
レーヴェンフック　4
レーザー　9, 144
　気体 —— 144
　固体 —— 145
　半導体 —— 145
　ヘリウムネオン ——　144
レンズ
　—— の度数　44
　—— の屈折力　40
　—— の公式　40
　—— のパワー　40
　—— メーター　41
　厚肉 ——　44
　色消し　51
　薄肉 ——　39
　コリメーター ——　97
　接眼 ——　55
　対物 ——　55

■ わ ■

歪曲　50
ワット　151

著者略歴

谷田貝　豊彦（やたがい・とよひこ）
- 1946 年　栃木県に生まれる
- 1969 年　東京大学工学部物理工学科卒業
- 1970 年　理化学研究所研究員
- 1980 年　工学博士（東京大学）
- 1983 年　筑波大学物理工学系助教授
- 1993 年　筑波大学物理工学系教授
- 2007 年　宇都宮大学オプティクス教育研究センター教授
- 2007 年　筑波大学名誉教授
　　　　　現在に至る

例題で学ぶ光学入門　　　　　　　　　　　　　© 谷田貝豊彦　2010

2010 年 6 月 30 日　第 1 版第 1 刷発行　　【本書の無断転載を禁ず】
2021 年 3 月 10 日　第 1 版第 7 刷発行

著　　者　谷田貝豊彦
発 行 者　森北博巳
発 行 所　森北出版株式会社

東京都千代田区富士見 1-4-11（〒 102-0071）
電話 03-3265-8341 ／ FAX 03-3264-8709
https://www.morikita.co.jp/
日本書籍出版協会・自然科学書協会　会員
JCOPY ＜（一社）出版者著作権管理機構 委託出版物＞

落丁・乱丁本はお取替えいたします　　　　　　印刷・製本 / 藤原印刷

Printed in Japan ／ ISBN978-4-627-15441-4

MEMO

MEMO